高等院校**数字艺术**精品课程系列教材

数字媒体

交互设计

慕课版

张靖瑶◎主编

郝鹏 周恩博◎副主编

INTERACTION DESIGN

Digital Media

U0390172

人民邮电出版社

北京

图书在版编目（CIP）数据

数字媒体交互设计：慕课版 / 张靖瑶主编. -- 北
京：人民邮电出版社，2023.9（2024.6重印）
高等院校数字艺术精品课程系列教材
ISBN 978-7-115-61787-3

Ⅰ. ①数… Ⅱ. ①张… Ⅲ. ①数字技术-多媒体技术
-高等学校-教材 Ⅳ. ①TP37

中国国家版本馆CIP数据核字(2023)第085674号

内 容 提 要

数字媒体交互设计是在产品创建初期搭建的简单产品框架中实现用户与产品进行交流互动的设计，包括按照客户需求快速创建产品的线框图、流程图、原型和 Word 说明文档等内容。同时，交互设计还支持多人协作设计和共享版本的控制管理。

本书由浅入深地介绍产品交互原型的创建方法和设计规范，以"知识解析+课堂案例"为主线展开讲解：知识解析部分帮助读者系统地了解 Web 端和移动端 UI 设计的各类规范；课堂案例部分帮助读者快速熟悉交互设计的流程与技巧，提高读者的实战技能。本书包括 6 个项目：交互设计概述、Web 端"家居"网页交互 UI 设计、移动端"美食小吃"App 交互 UI 设计、Web 端"电商平台"产品交互设计开发、移动端"教学助手"App 产品交互设计开发和移动端"茶物语"App 产品交互设计开发。

鉴于实践在交互设计学习中的重要作用，本书通过多个案例，对本书编写团队总结的设计方法进行完整而详细的介绍，帮助读者对每个交互设计方法建立更深刻的认识，掌握相关方法的实践与运用技巧。

本书可作为职业院校数字媒体艺术类专业课程的教材，也可供移动 UI 设计初学者自学参考。

◆ 主　　编　张靖瑶
　　副主编　郝　鹏　周恩博
　　责任编辑　刘　佳
　　责任印制　王　郁　焦志炜
◆ 人民邮电出版社出版发行　　北京市丰台区成寿寺路 11 号
　　邮编　100164　电子邮件　315@ptpress.com.cn
　　网址　https://www.ptpress.com.cn
　　北京九州迅驰传媒文化有限公司印刷
◆ 开本：787×1092　1/16
　　印张：13.75　　　　　　　　　2023 年 9 月第 1 版
　　字数：399 千字　　　　　　　2024 年 6 月北京第 2 次印刷

定价：79.80 元
读者服务热线：(010)81055256　印装质量热线：(010)81055316
反盗版热线：(010)81055315
广告经营许可证：京东市监广登字 20170147 号

前言

党的二十大报告中提出"教育、科技、人才是全面建设社会主义现代化国家的基础性、战略性支撑"的重要指示，坚持以人民为中心发展教育。本书全面贯彻党的二十大精神，有效利用各章中"素养拓展小课堂"教学环节，实现为党育人，为国育才使命，强化立德树人根本任务。本书在交互设计项目案例实践中，注重对学生创新意识的培养，为建设社会主义文化强国、教育强国、人才强国，实现以中国式现代化全面推进中华民族伟大复兴添砖加瓦。

随着科学技术的飞速发展，数字媒体交互设计与人们的生活、工作密不可分，成为一个内涵丰富的新兴产业。为了保证设计出来的软件符合用户的审美和操作习惯，很多设计团队在软件开发之初，会通过搭建产品交互原型来把控该软件的设计方向。市场对交互设计人才的需求日益增加，各大院校越来越关注数字媒体交互设计人才的培养，并开设了相应的专业和课程。

本书围绕"数字媒体交互设计"课程的教学目标，让学生不但可以系统地掌握基础知识和基本方法，而且可以运用所学知识解决实际问题。本书在教学内容选取、教学方法运用、教学环节设计、训练任务设置、教学资源配置等方面充分考虑了实际教学需求，并力求有所创新。本书具体特色如下。

（1）采用先进的教学模式组织教学内容，满足实践技能教学需求

本书采用"任务驱动，理论实践一体"的教学模式，以典型项目任务为载体，让任务贯穿教学的全过程。这些任务来源于电商平台、教务管理、企业营销等领域的真实工作内容，具有较强的代表性和职业性。

本书对以"任务驱动教学"进行了进一步优化，设置了带有交互设计功能的"基础操作"训练和实践"项目"两个层次的训练任务，以充分满足学生想掌握实践技能的需求。本书以运用交互设计解决学习、工作中的常见问题为重点，强调"做中学、做中会"，即不是以学习理论知识为主导，而是以完成任务为主导，学生在完成任务的过程中可以熟悉规范、学会方法、掌握知识。

（2）覆盖"数字媒体交互设计 1+X 职业技能等级"考试内容

本书对学历证书和职业技能等级证书所体现的学习成果进行认证、积累与转换。

（3）帮助学生提升技能素养

本书以帮助学生熟练掌握交互设计的基础知识和基本技能、按要求快速完成操作任务、遇到疑难问题时能想办法自行解决为目标编写而成。

本书的教学建议采用 64 个学时，具体可参考下方的学时分配表。

学时分配表

序号	课程名称		学时
1	项目 1 交互设计概述	1.1 交互设计的基本概念	1
		1.2 交互设计的流程	2
		1.3 开发人员的配置	1
		1.4 产品交互原型的分类	1
		1.5 交互设计的常用软件	1
		1.6 项目实施——交互设计案例分析	2

序号	课程名称		学时
2	项目2 Web端"家居"网页交互UI设计	2.1 Web端"家居"网页交互UI项目背景分析	1
		2.2 交互UI布局设计	2
		2.3 基本元素	2
		2.4 网页和网页交互UI组件的分类	2
		2.5 项目实施——Web端"家居"网页交互UI设计	2
3	项目3 移动端"美食小吃"App交互UI设计	3.1 移动端"美食小吃"App交互UI设计项目背景分析	1
		3.2 移动端"美食小吃"App交互UI设计项目需求分析	1
		3.3 视觉层次结构与视觉引导	2
		3.4 App界面元素构成设计	2
		3.5 App界面设计风格	2
		3.6 移动端平台的界面设计规范	2
		3.7 App交互UI设计流程分析	1
		3.8 项目实施——移动端"美食小吃"App交互UI设计	2
4	项目4 Web端"电商平台"产品交互设计开发	4.1 Web端"电商平台"产品交互设计开发项目背景分析	1
		4.2 Web端"电商平台"产品交互设计开发项目需求分析	1
		4.3 Axure RP 9介绍	4
		4.4 Axure RP 9的常用元件	2
		4.5 查看原型	2
		4.6 项目实施——Web端"电商平台"产品交互设计开发	4
5	项目5 移动端"教学助手"App产品交互设计开发	5.1 移动端"教学助手"App产品交互设计开发项目背景分析	1
		5.2 移动端"教学助手"App产品交互设计开发项目需求分析	1
		5.3 墨刀概述	4
		5.4 项目实施——移动端"教学助手"App产品交互设计开发	4
6	项目6 移动端"茶物语"App产品交互设计开发	6.1 移动端"茶物语"App产品交互设计开发项目背景分析	1
		6.2 移动端"茶物语"App产品交互设计开发项目需求分析	1
		6.3 Adobe XD概述	4
		6.4 项目实施——移动端"茶物语"App产品交互设计开发	4

本书提供多样化的教学资源，配套的资源包提供了书中案例的源文件和制作素材，并提供了全面的教学视频。读者可以在遇到问题时通过观看视频找到解决方法。本书每章最后都附有习题，以帮助读者检验对知识的掌握程度并学会灵活运用所学知识。通过数字化教学资源整理，有效推进教育数字化，从点滴做起为建设全民终身学习的学习型社会做出贡献，引领学生努力成为有理想、敢担当、能吃苦、肯奋斗的新时代好青年。

本书由张靖瑶任主编，郝鹏、周恩博任副主编。本书在框架搭建与内容审核的过程中，得到了天津电子信息职业技术学院姜巧玲教授的大力支持与帮助。在案例梳理及项目实施方面，本书同天津市敏生科技发展有限公司的技术团队进行深度合作，获取了大量的企业一手实践案例素材，充分体现了校企合作理念。在此对为本书编写提供帮助的组织及个人致以真挚的感谢。

由于编者水平有限，书中难免存在疏漏之处，敬请各位专家和读者批评指正。

编 者
2023 年 2 月

目录

项目 **1**

交互设计概述

本项目主要介绍与交互设计相关的理论知识，包括交互设计的基本概念、交互设计的流程、开发人员的配置、产品交互原型的分类和交互设计的常用软件，其中交互设计的流程是本项目的重点。本项目的最后为交互设计案例分析。

学习目标

知识目标
● 了解交互设计流程；学会分析可用性原则在交互设计产品中的应用。

能力目标
● 具有正确理解产品方向的能力；具有与用户开展有效沟通的能力。

素质目标
● 具有自我管理能力；具有较强的集体意识和团队合作精神。

1.1 交互设计的基本概念

交互设计是指设计人和产品或服务互动的一种机制，以用户体验为基础进行的人机交互设计要考虑用户的背景、使用经验及在操作过程中的感受，从而设计符合最终用户需求的产品，使得最终用户在使用产品时愉悦、符合自己的逻辑、有效完成并且高效使用产品。

1.1.1 交互设计的定义

国际交互设计协会（Interaction Design Association，IxDA）对交互设计的定义如下。

以用户为中心作为设计的基本原理，交互设计的实际操作必须建立在对实际用户的了解之上，包括他们的目标、任务、体验、需求等。从以用户为中心的角度出发，同时努力平衡用户需求、商业发展目标和科技发展水平之间的关系，交互设计师为复杂的设计挑战提供解决方法，同时定义和发展新的交互产品和服务。

交互设计通常涉及美学设计、动态设计、声音设计、空间设计等领域，这些领域交叠融合，可以说交互设计是一个多领域的融合结果。

1.1.2 交互设计与用户体验

用户体验这个词被广泛认知是在 20 世纪 90 年代中期，由用户体验设计师唐纳德·诺曼（Donald Arthur Norman）提出和推广。

用户体验（user experience，UE/UX）是指用户在使用产品的过程中建立起来的一种纯主观感受。随着计算机技术和互联网的发展，以用户为中心、以人为本的原则越来越得到重视，用户体验是用户关于产品的一整套体验，包括跟产品相关的设计、制作、生产、营销、售后和技术支持等各个环节，交互设计是用户体验设计的一部分。

用户体验分为 5 个层面：战略层、范围层、结构层、框架层、表现层，如图 1-1 所示。

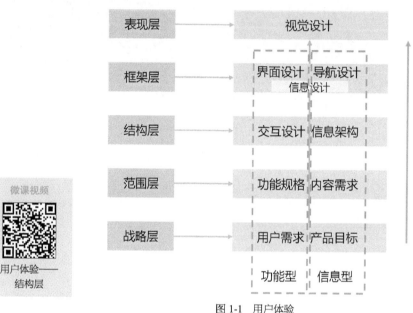

微课视频

用户体验——
结构层

图 1-1　用户体验

① 战略层对应的是"用户需求、产品目标"。

② 范围层指的是"功能规格、内容需求"，当我们把用户需求和产品目标转变成产品后，思考应该提供给用户什么样的内容和功能时，战略就变成了范围。

③ 结构层就是"交互设计、信息架构"，目的是确定各个将要呈现给用户的元素的"模式"和"顺序"。

对于功能型的产品，在结构层注重交互设计：定义系统如何响应用户的请求。

对于信息型的产品，在结构层注重信息架构：合理安排内容元素，以帮助用户理解信息。

信息架构要求创建分类体系，创建方式可以是从上到下，也可以是从下到上，分类中的关系可以是线性关系或层级关系，如图 1-2 所示。

信息架构的基本单位是节点。节点可以对应任意的信息片段或组合，可以是一个数字、一个控件、一个组件、一个页面，甚至可以是一个功能。常见的结构类型有层级结构、矩阵结构、自然结构、线性结构。

④ 框架层指的是"界面设计、导航设计、信息设计"，确定用什么样的功能和形式来实现产品。

⑤ 表现层指的是"视觉设计"，主要解决"产品框架层的逻辑排布"的感知呈现问题。

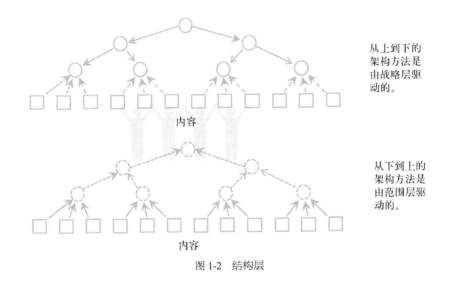

从上到下的架构方法是由战略层驱动的。

内容

从下到上的架构方法是由范围层驱动的。

内容

图 1-2　结构层

1.1.3　交互设计的可用性原则

这里讲的可用性原则是指十大交互设计可用性原则，由人机交互学博士雅各布·尼尔森（Jakob Nielsen）提出，用来评价用户体验的好坏。

尼尔森十大交互设计可用性原则被称为"启发式"原则，是对广泛经验的总结，可以把它当作一种经验来学习，并与现实中的设计技巧结合使用，如图 1-3 所示。

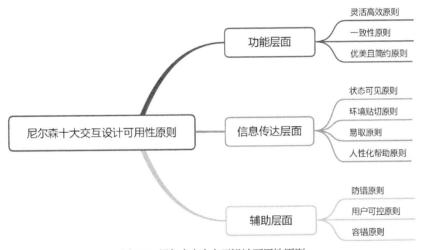

图 1-3　尼尔森十大交互设计可用性原则

1. 灵活高效原则

App 产品应该同时满足有经验用户和无经验用户的使用需求，并允许用户定制常用功能。

如支付宝中的编辑应用功能，如图 1-4 所示，支付宝首页的应用是可以根据个人喜好自定义的，包括排序、删除、新增等常用应用，如图 1-5 所示；这样用户可以根据自己的兴趣和习惯定制适合自己的应用分布方式，如图 1-6 所示，这是灵活高效原则的一种体现。

2. 一致性原则

对于用户来说，同样的文字、状态、按钮应该触发相同的事情，遵从通用的平台惯例，即同一用语、功能、操作保持一致。

图1-4　支付宝首页

图1-5　新增应用

图1-6　自定义应用

结构一致性：保持一种类似的结构，新的结构会让用户再次进行思考，有规律的排列顺序能减轻用户的思考负担。

色彩一致性：产品所使用的主要色调应该是统一的，而不是换一个页面颜色就不同。

操作一致性：能在产品更新换代后仍然让用户保持对原产品的认知，降低用户的学习成本。

反馈一致性：用户在点击按钮或者条目的时候，反馈效果应该是一致的。

文字一致性：产品中呈现给用户阅读的文字大小、样式、颜色、布局等应该是一致的。

3. 优美且简约原则

展示的内容应该去除不相关的信息或用户几乎不需要的信息。不相关的信息会让原本重要的信息变得难以察觉。

如某软件的音乐播放界面，如图1-7所示，其在视觉及功能布局方面做得美观简约，看起来有留声机的代入感，功能主次分明、用户体验感好，这是优美且简约原则的一种体现。

图1-7　优美且简约原则

4. 状态可见原则

系统应该让用户时刻清楚当前发生了什么事情，也就是快速地让用户了解自己处于何种状态，对过去发生的事情、当前目标及未来去向有所了解。一般的方法是在合适的时间给予用户适当的反馈，防止用户出现操作错误。

5. 环境贴切原则

软件系统应该使用用户熟悉的语言、文字、语句，或者其他用户熟悉的概念，而非系统语言，软件中的信息应该尽量贴近真实世界，让信息更自然，在逻辑上更容易被用户理解。

6. 易取原则

把组件、按钮及选项可视化，以降低用户的记忆负荷。用户不需要记住各个对话框中的信息。软件产品的使用指南应该是可见的，而且在合适的时候用户可以再次查看。例如一些App更新后的"新功能引导"，App更新完以后，当用户触发某些功能时，会出现类似遮罩的提示，如

图 1-8 所示；这些提示用于告诉用户功能所在的地方以及功能的具体作用，如图 1-9 所示。这种做法在很多 App 中都会出现，这就是易取原则的一种体现。

图 1-8　易取原则 1

图 1-9　易取原则 2

7. 人性化帮助原则

任何产品都应该提供一份帮助文档。任何帮助文档都应该可以方便地被找到，以用户的任务为中心，列出相应的步骤。

以两款 App 登录界面为例：有必要在比较重要的功能入口处提供相应的帮助入口，如图 1-10 和图 1-11 所示。不管是什么样的产品，都要给用户提供一个帮助入口，以帮助用户解决操作过程中遇到的问题。

图 1-10　App 帮助入口 1

图 1-11　App 帮助入口 2

8. 防错原则

比错误提醒弹窗更好的设计是在这个错误发生之前就避免它。系统应该帮助用户排除一些容易出错的情况，或在提交之前给用户一个确认的选项。

特别要注意的是，在用户操作具有不可逆效果的功能时要有提示，防止用户犯不可挽回的错误。

9. 用户可控原则

用户常常会误触到某些功能，系统应该让用户可以方便地退出。很多用户在完成一项操作时，会忽然意识到有不对的地方，所以系统最好支持撤销/重做功能。

10. 容错原则

错误提示应用简洁的文字指出错误是什么，并给出处理建议。错误提示既要帮助用户识别出错误，分析出错的原因，还要帮助用户回到正确的操作上。

如用户注册邮箱，在输入出错时不但会出现错误提示，还会给出相应的建议，如图 1-12 所示，帮助用户进行正确的操作，在提高注册效率的同时也提供了良好的用户体验。

图 1-12　错误提示

1.2　交互设计的流程

交互设计不仅仅是输出设计方案，交互设计的流程如图 1-13 所示。

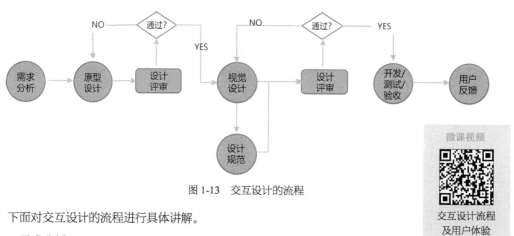

图 1-13　交互设计的流程

下面对交互设计的流程进行具体讲解。

1. 需求分析

需求分析是交互设计流程计划阶段的重要环节，也是产品生存周期中的一个重要环节，这个阶段是分析产品在功能上需要"实现什么"，而不是考虑"如何实现"。

需求分析的目标是把用户对待开发产品提出的要求或需要进行分析与整理，确认后形成描述完整、清晰与规范的文档，确定软件需要实现哪些功能、完成哪些工作。

在需求分析阶段，交互设计师需要编写用户研究报告文档、产品功能列表、场景故事板等。

（1）用户研究报告文档

该文档的价值与目的是通过用户调研，理性了解用户，根据他们的目的、行为和态度差异，将他们分为不同类型，然后从每种类型中抽取出典型特征建立用户画像，最终挖掘出不同用户对产品的偏好和潜在需求，以及对品牌的认知程度，从而指导市场推广和产品设计。用户研究报告文档的结构如图 1-14 所示。

微课视频

交互设计流程
——需求分析

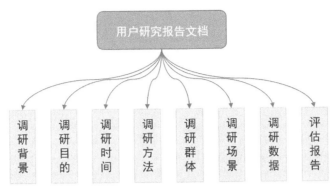

图 1-14　用户研究报告文档的结构

（2）产品功能列表

交互设计师需要把产品功能以列表的形式展示出来，这是提出解决方案的第一步。

功能需求列表的价值是帮助产品经理理清思路，以及帮助项目团队的其他成员了解产品的功能需求，如图 1-15 所示。

模块	功能点	子功能点	功能列表
网站工作台	网站工作台	数据统计	统计网站的新注册用户（今日、昨日、历史）、用户登录数（不含重复登录）、新增课程数、新增课时数、加入学习数、购买课程数、完成课时学习数、视频观看数（含重复打开）、云视频观看数、营收额、课程总数、用户总数等
		系统状态	告知用户相关的系统状态，包含主系统版本、应用更新状态、是否安装新应用、是否开通云视频、是否开通直播、是否启用移动客户端
		受欢迎课程	以列表的形式展示收入最高的 5 门课程
		最新未回复回答	包含问答标题、所属课程、提问人及提醒教师操作，点击"更多"可查看更多未回复问答
		最新购买记录	包含订单名称、金额、购买人、付款方式，点击"更多"可进入订单管理界面
设置	全局设置		可修改网站名称、网站域名、二级域名、单点登录方式、网站 ICO 图标、网站图文 Logo、网站课程中心图文 Logo、网站简介等
	移动端设置		可上传移动端二维码（Android 和 iOS），可修改移动端下载界面的口号和标题，可切换版本，可设置移动端的课程广告位展示效果
	支付方式	银行卡支付、第三方支付平台	
	云服务设置	通过网络以按需、易扩展的方式获得所需服务	

图 1-15　产品功能列表

（3）场景故事板

场景故事板起源于动画行业。在电影电视中，场景故事板的作用是安排剧情中的重要镜头，相当于一个可视化的剧本，场景故事板展示了各个镜头之间的关系（见图 1-16），给观众或用户提供了一个完整的体验。

2. 原型设计

原型是一种让用户提前体验产品、交流设计构想、展示复杂系统的方式。本质上而言，原型是一种沟通工具，也是交互设计师与项目经理（Project Manager，PM）、产品设计（Product Design，PD）师、开发工程师沟通的最好工具。

图 1-16 场景故事板

对产品需求分析定位后，就进入产品原型设计阶段，此时交互设计师运用设计理论、设计规范和设计原则画出交互稿，并说明哪些元素需要进行数据监测，将交互稿提交给交互组进行评审。这个阶段交互设计师需要编写交互文档，也就是交互设计文档（Design Requirement Drawing，DRD），它主要用来承载设计思路、设计方案、信息架构、原型线框、交互说明等内容。交互设计文档的结构如图 1-17 所示。

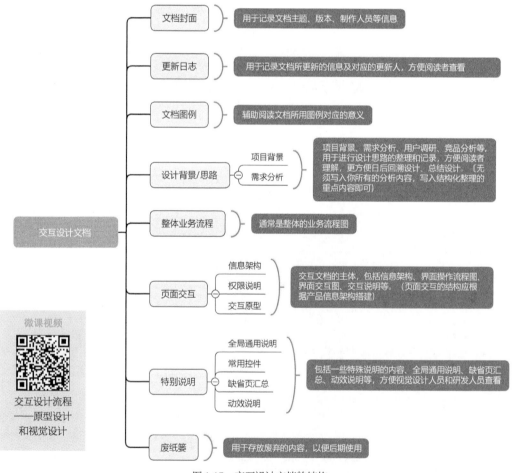

图 1-17 交互设计文档的结构

3. 视觉设计

在交互评审之后，设计师需要根据反馈对原型进行完善，之后就进入 UI 视觉设计阶段。交互设计人员在此阶段的主要任务是和 UI 设计人员配合，解答对方的疑问，以及确保 UI 稿与交互稿一致，并且没有交互方面的问题。

对输出的视觉设计方案，需要从交互角度进行评估，如与交互设计初衷是否一致、内容的主次是否表达得当、是否有细节遗漏等。

4. 开发 / 测试 / 验收

开发 / 测试 / 验收阶段的主要任务是，在开发人员对产品功能自测完成后，将实现的功能演示给测试人员，测试人员可以提出疑问，这些疑问由开发人员解答或解决；如果功能没有问题就可以开始进行交互验收，也就是使用某个功能，并查找该功能是否存在和交互稿不同的地方，所有的不同之处均需要提交给开发人员进行修改；验收结束后，以邮件形式发出验收结果，待所有不同之处修改完成后，即可用邮件发出"同意上线"的指令。这一过程中需要注意以下几点。

① 开发实现过程中，若开发遇到一些交互上的问题，需要实时跟进、讨论，确定最终的实现方案。

② 编写测试用例时，测试人员可能会在交互设计文档的基础上思考得更加全面，提出一些尚未考虑到的特殊操作场景。交互设计师需要思考并补充相应的交互设计说明。

③ 测试用例评审阶段，需要确认所有的用例是否与交互设计文档中的一致。

④ 验收阶段，需要验收最终的效果，看其与交互原型是否一致，对于有出入的地方要尽快跟进、确认。

5. 用户反馈

对于迭代的产品来说，需要持续关注用户反馈，通常采用的方式是收集用户反馈，进行可用性测试、A/B 测试等。交互设计师需要分析用户反馈的问题的合理性并确认是否需要优化。对于值得重视的反馈，交互设计师需要思考设计方案并推进实现。

（1）收集用户反馈

首先，在界面上放置用户反馈入口，让用户在遇到问题时可以直接填写反馈信息。

其次，对于新产品以及改版产品，可以通过电子邮件、首页链接等方式主动发放调查问卷，收集用户意见。

最后，利用在线客服或产品论坛等功能，让客服把每天咨询最多的问题收集汇总给交互设计师。

（2）可用性测试

可用性测试是让用户使用产品的设计原型或成品，记录用户的感受和体验，从而改善及提升产品的可用性。

可用性测试适用于产品发展的各个阶段，包括前期设计开发阶段和后期优化改进阶段。

（3）A/B 测试

将产品界面或操作流程的两个或多个版本，在同一时间分别让两个或多个组成成分相同或相似的访客群组访问，收集各群组的用户体验数据和业务数据，最后分析评估出最好的版本并正式采用该版本。

1.3　开发人员的配置

开发一款 Web 端或移动端交互设计产品，通常需要一个团队来完成。团队中各成员分工明确、协同工作，才能让产品更加完善、更加符合用户的预期。人员配置一般包括产品经理、UI（用户界面）设计师、前端开发工程师、后台程序开发人员以及测试人员等。

1. 产品经理

开发一个产品时，产品经理需要对客户的需求进行分析，同时对市场上的同类型产品或其他产品进行比较和了解，了解用户习惯，以及产品的定位、功能与逻辑，脑海里要形成完整清晰的逻辑。

产品经理经过专业的市场洞察、用户分析等，将用户的要求整理成详细的功能文档，然后和团队成员一起制作出清晰、简洁的交互产品原型图，原型图包括各项功能的排布、业务逻辑、页面交互等。

2. UI 设计师

UI 设计师主要负责产品的页面设计和交互设计，根据产品经理的要求进行交互元素的设计。

3. 前端开发工程师

前端开发工程师主要负责将 UI 设计师设计完成的页面用代码实现出来，是开发团队中最不可缺少的人员。Android 和 iOS 两个不同系统客户端的开发分别由 Android 开发工程师和 iOS 开发工程师完成。

4. 后台程序开发人员

后台程序开发人员主要完成运营管理后台的开发，包括数据及服务器的部署等。

5. 测试人员

测试人员相当于产品的质量检查员。测试人员会对产品的功能、性能、兼容性等进行总体测试，发现问题后反馈给对应的开发人员进行修改。

另外，当产品上线后，经过多个版本的迭代，用户数量会越来越多，这时就需要大数据工程师；如果需要将产品的代码部署到一个服务器上，就需要运维工程师，日常的维护都是由运维工程师来负责的；如果涉及推广，则还需要运营人员、市场营销人员、售前／售后工程师等。

1.4 产品交互原型的分类

根据页面的保真度，可以将产品交互原型分为草图、低保真原型和高保真原型。在进行原型设计之前，我们需要根据使用场景、使用人群或者项目的不同阶段来设计不同保真度的产品交互原型。

1. 草图

草图通常用于产品早期的概念阶段。在项目确立的早期，产品的功能及业务场景都处于规划阶段，没有成熟的产品方案。团队成员在规划项目、进行头脑风暴时，需要一个能够快速呈现产品雏形的原型，且该原型要便于修改，如图 1-18 所示。

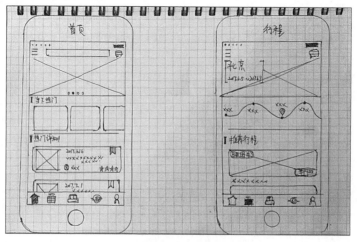

图 1-18　草图

草图绘制阶段的原型设计大部分都是在白板或者白纸上手绘完成的，方便在产品功能的讨论中发现问题，及时修改。草图原型能够表达出基本的界面功能及内容布局，利用基本的几何图形（如方框、圆形和一些线段）来表达产品的雏形，能让参与讨论会议的人员明白大概意图即可。

草图的优势在于设计成本低，能够随时进行修改，在项目早期有很多不确定因素的前提下，尽量使用草图进行讨论。

2. 低保真原型

明确产品的业务需求及使用场景后，产品经理和交互设计师可以使用低保真原型来快速设计产品的概貌。产品经理和交互设计师明确了产品的功能需求及业务范围后，根据业务会议上确定的产品方案，需要梳理清楚产品的功能结构和信息结构，根据业务需求推导出产品的详细功能点。产品的战略目标、需求范围、功能结构都清楚以后，就可以开始正式绘制低保真原型了。低保真原型又称为线框图，如图 1-19 所示。

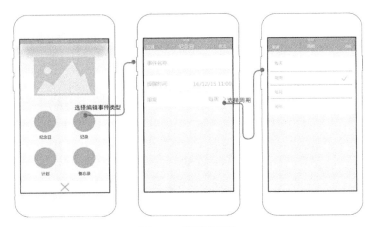

图 1-19　低保真原型

低保真原型可以帮助我们准确拆分页面，以及每个页面的功能模块和展示信息，确定每个页面元素的布局。低保真原型的绘制需要借助原型设计工具，其中的元素布局以及功能模块需要无限接近产品上线后的样子。

低保真原型可以不考虑页面元素的配色以及各功能的交互跳转效果与动画效果。设计页面的配色是 UI 设计师的工作，丰富的交互动作也不适合在这个阶段去详细分析。通常低保真原型设计完成后，需求提出人员、UI 设计师、前端开发工程师、后端工程师和测试人员等需要进行原型设计评审会，根据评审结果对低保真原型进行多轮调整，直至得到满意的结果，确保能继续向下推进。低保真原型确定后，UI 设计师及开发工程师可以据此进入项目实施阶段。

3. 高保真原型

高保真原型常用于向高层领导进行产品演示或者向投资人展示产品概念，以寻求项目融资。高保真原型又可以作为产品的 demo（试样），除了没有真实的后台数据进行支撑外，几乎可以模拟前端的所有功能，是一个高仿真产品。对于一些非专业的高层领导、老板及投资人，他们希望看到的是一个无限接近线上产品的 demo，它能够尽可能详细地展示产品的功能及业务范围，在视觉展示以及交互动作上都和真实产品大致相同，如图 1-20 所示。

图 1-20　高保真原型

通过以上内容我们知道，明确当前的项目阶段及使用人群后，再决定使用什么样保真度的原型才是最合适的。既不能为了方便而总是使用草图，也不能一味地追求高保真原型，而应综合评估使用的场景及适用人群。在工作当中，我们使用最多的是低保真原型，毕竟项目团队中最关心产品原型的是项目的实施人员，低保真原型也能较为准确地阐述项目需求，以及一些简单的交互动作与交互效果，可以让行业内的设计人员一看便知。有些业务规则及交互细节，还需要配有说明文档，这样才能方便开发人员及测试人员深刻理解产品需求。

1.5　交互设计的常用软件

常用的交互设计软件有 Visio、Teambition、墨刀、Axure RP 和 Adobe XD 等。如果追求交互细节，可以使用 Axure RP,它的特点是功能全面；而说到做交互流程图、产品概念图，更多使用的是 Visio，它操作起来简单快捷。这些交互设计软件各有千秋，可以根据项目需求选择合适的工具，以提高工作效率。

1.5.1　Visio

1. Visio 简介

Visio 是 Office 软件系列中负责绘制流程图和示意图的软件。Visio 是一款便于 IT（互联网技术）人员和商务人员就复杂信息、系统和流程进行可视化处理、分析和交流的软件。使用具有专业外观的 Visio 图表，可以促进用户对系统和流程的了解，通过深入了解复杂信息并利用这些信息做出更好的业务决策。

2. Visio 的下载与安装

在开始使用 Visio 前，需要先将 Visio 软件安装到本地计算机中，大家可以在 Microsoft 官网下载该软件，软件安装部分见附录。

1.5.2　Teambition

我们在工作和学习中总是要与其他人进行沟通和协调，包括与上级和下级沟通，甚至与其他部门的同事或客户沟通。而在沟通和协调中确定的决议或者安排，往往都停留在口中或者脑海中，能把所有的事按时完成的人还是比较少的。因此需要使用团队协作软件 Teambition 来进行团队管理。

1. Teambition 的使用方向

Teambition 具有无纸化、移动办公、及时沟通和工作标准化等特点，团队的领导人员使用该软件可以让自己的团队做到目标清晰、分工明确、协作高效。

Teambition 在管理方面可以实现跨项目、跨部门协调工作。

2. Teambition 的功能

Teambition 以项目管理见长，在此基础上又衍生出通信、存储等功能。通过 Teambition，企业不仅可以进行项目管理，还可以进行流程审批、工作沟通、文档库建立等操作。

项目是 Teambition 的基本协作单元，当创建一个项目的时候，里面会包含一些工具和应用，有任务看板、分享墙、文件库、日程等。利用这些不同的工具和应用，可以快速展示项目中需要呈现的信息。

1.5.3　墨刀

1. 墨刀简介

墨刀是一款在线原型设计与协同工具，用户群体包括产品经理、设计师、研发人员、运营人员、销售人员、创业者等，能够搭建产品原型、演示项目效果。墨刀同时也是协同操作平台，项目成员可以协作编辑、审阅相关文件，还可以展示产品想法、向客户进行 demo 展示，以及在团队内部进行项目管理等操作。

2. 墨刀特点

墨刀特点介绍如表 1-1 所示。

表 1-1　墨刀特点介绍

特　点	描　述
操作简单	简单的拖动和设置即可将想法、创意变成产品原型
演示方便	提供真机设备边框、沉浸感全屏、离线模式等多种演示模式，项目演示效果逼真
支持团队协作	与同事共同编辑原型，提升工作效率；一键发送给别人，分享便捷；可在原型上评论，收集反馈意见，实现高效协作
交互简单	简单的拖动就可实现页面跳转，还可通过交互面板实现复杂交互、多种手势和转场效果；可以实现一个媲美真实产品体验的原型
能够自动标注及切图	将 Sketch 设计稿通过墨刀插件上传至墨刀，将项目链接分享给开发人员，无须登录即可直接获取每个元素的宽高、间距、字体颜色等信息；支持一键下载多倍率切图
内置素材库	内置丰富的行业素材库，也可创建自己的素材库、共享团队组件库；高频素材可直接复用

1.5.4　Axure RP

Axure RP 是一款专业的快速原型设计工具，Axure 是公司名称，RP 则是 Rapid Prototyping（快速原型）的缩写。

1. Axure RP 简介

Axure RP 主要针对负责定义需求、定义规格、设计功能、设计界面的人群，用户包括体验设计师、交互设计师、信息架构师、业务分析师、UI 设计师和产品经理。

Axure RP 能帮助设计者快速创建基于网站架构图的带注释页面的示意图、操作流程图以及交互设计原型，并可自动生成用于演示的网页文件和规格文件。此版本有助于快速实现交互功能的建立和窗口布局。此外，该版本还具有内嵌文本链接、旋转形状等原型制作功能，并具有新的硬件加速渲染引擎，旨在加快保存和加载的文件结构，以及用于平滑缩放和更快编辑的流线型画布。

2. Axure RP 9 的下载与安装

在开始使用 Axure RP 9 之前，需要先将 Axure RP 9 软件安装到本地计算机中，可以在 Axure 官网下载该软件，软件安装部分见附录。

1.5.5　Adobe XD

Adobe XD 是一站式 UX/UI 设计平台。在这款软件中，用户可以进行移动应用制作、网页设计与原型制作。它的特殊之处在于将 UI 设计与原型建立等功能进行了结合。设计师使用 Adobe XD 可以高效、准确地完成 UI 设计图或框架图到交互原型的转变。Adobe XD 支持 Windows 和 macOS 平台。

1. Adobe XD 简介

Adobe XD 主要用于设计 UI 并为其添加简单的交互效果。它能够实现设计页面到原型页面的转换，并将文档共享给项目团队的其他人员。

Adobe XD 已实现与 Photoshop、Illustrator 和 After Effects 的良好集成，使设计师可以在这些软件中进行设计，再将相关资源导入 Adobe XD 中，然后使用 Adobe XD 创建和共享原型。

Adobe XD 支持 SVG 文件和位图文件，且不会降低保真度。用户在使用软件过程中可以与其他相关设计人员进行实时协作，共同编辑，并添加具有组件状态的交互式元素，支持使用多种交互方式创建高保真原型。

2. 下载和安装 Adobe XD 2021

Adobe XD 2021 中文版能够为用户提供专业的 App 设计、UI 设计、网站设计等功能，还支持 Mac（苹果计算机）、PC（个人计算机）、移动 App 等多端协同、数据同步等。

该版本最大亮点之一就是能够与 Illustrator、Photoshop 等软件进行无缝协作，软件安装部分见附录。

1.6 项目实施——交互设计案例分析

我们在设计一个高保真交互原型之前，要先了解以下几个概念。

① 产品思维：从用户价值出发，在满足商业战略和业务目标的同时，寻求产品实现路径，满足用户需求。

② 线框图、原型图、效果图：线框图是框架，是一种低保真的设计产物；原型是一个应用程序/网页的工作模型，原型的目标是模拟用户和界面之间的交互，原型图的保真度应与思维的保真度相匹配，并且原型图的保真度可以是低保真度、中保真度和高保真度；效果图是高保真的。

③ 扁平化设计：去除冗余的装饰效果，强调抽象化、极简化和符号化，看起来更直观，目前主流的扁平化设计风格降低了我们制作高保真交互原型的门槛。

下面我们来举例说明制作高保真交互原型设计时，将产品的用户体验作为设计思路，同时考虑在交互设计时如何保持产品思维的设计过程。

（1）用户行为路径

我们以电商 App 售后平台管理界面作为示例，需求简单描述为：报修人在平台填写保修单，管理员收到信息后指派维修人员进行维修。首先，我们要进行低保真原型图的交互设计，如图 1-21 和图 1-22 所示，用户的行为路径：在列表页查看待派工的工单，然后进入详情页，看完工单的详细信息以后，在最下方安排维修人员前去维修。

图 1-21　原型图示例 1

图 1-22　原型图示例 2

做高保真交互设计时，我们通常会参考一些竞品，如淘宝、京东、美团等比较成熟的产品，我们发现这些 App 中不仅有信息的展示，还有操作按钮、评价、收货等信息。所以在做高保真交互设计时，要运用产品服务用户的思维进行如下改进。

① 对于管理员，进入软件的目的是进行派工，在进入列表页后直接指派即可，所以添加"派工"按钮既提高了效率，也更符合用户的思维，如图 1-23 所示。

② 当列表页的信息不足以支撑管理员做决定时，管理员才会查看详情页，上方是信息展示，下方是操作按钮，这样管理员查看完详细信息后，就可以更精准地进行后续操作，如图 1-24 所示。

图 1-23 原型图示例 3

图 1-24 原型图示例 4

（2）功能优先排序

工单通常有很多条，因此需要有一个搜索功能。在做低保真交互设计时，绘制一个搜索框即可，如图 1-25 所示。在做高保真交互设计时，参考竞品后我们发现常见的搜索方式有两种：一种是明显的搜索框，另一种是搜索按钮。对于我们做的这个电商 App 售后平台的用户来说，他们使用产品的主要目的是处理当前事务，而对历史数据的查询功能使用较少，也不存在对其他类型数据的查询，看到的大多是和自己相关的工单数据。因此在做高保真交互设计时可以进行图 1-26 所示的设计，将搜索框改为搜索按钮，使画面更简洁。

图 1-25 原型图示例 5

图 1-26 原型图示例 6

1.7 项目小结

上面这个案例通过用户行为路径和功能优先排序方面对交互界面设计进行了分析，我们在做高保真交互原型时，关注的重点仍然是用户需求，保持产品思维，才能设计出符合用户思维并且用户体验度高的交互产品。

1.8 素养拓展小课堂

当我们开发一款产品时，通常都是由一个团队来完成的，而团队的特点是以目标为导向，以协作为基础，团队成员需要遵守相同的规范和方法，在技术或技能上形成互补。

团队协作的本质是共同奉献，这种共同奉献需要一个切实可行、具有挑战意义且能让团队成员共同奋斗的目标。只有这样，才能激发团队成员的工作动力和奉献精神，在一个团队里，并不需要每一个成员各方面能力都特别突出，而是需要成员能够很好地取团队其他成员的长处来补自己的短处，也把自己的长处分享给大家，互相学习交流，共同进步，遇到问题及时交流，这样才能让团队的力量发挥得淋漓尽致。

1.9 巩固与拓展

我们在日常生活中会接触很多的 App 交互产品，这些产品既是网页的功能补充，也是独立的功能应用。请你搜集一些有关 App 交互设计理念的资料，思考一下 App 交互设计与网页设计的共通性及其特有的设计特点；同时对行业网站交互需求进行架构剖析，并尝试设计网站构架。

1.10 习题

一、填空题

1. 交互设计的英文缩写为_____。

2. 原型设计阶段需要编写_____文档。

二、单选题

1. 信息架构的基本单位是（　　）。

A. 节点　　　　　　　　B. 控件　　　　　　　　C. 组件　　　　　　　　D. 页面

2. 结构层要解决的需求是（　　）。

A. 产品目标　　　　　　　　　　　　B. 呈现给用户的元素的"模式"和"顺序"

C. 确定功能　　　　　　　　　　　　D. 产品的逻辑排布

3. 以下选项中，不属于 Web 产品的框架层设计的是（　　）。

A. 界面设计　　　　　　B. 导航设计　　　　　　C. 功能需求　　　　　　D. 信息设计

三、多选题

1. 交互设计流程的几个重要阶段包括（　　）。

A. 需求分析阶段　　　　B. 原型设计阶段　　　　C. 视觉设计阶段　　　　D. 收集用户反馈阶段

2. 尼尔森交互设计可用性原则包括（　　）。

A. 灵活高效原则　　　　B. 状态可见原则　　　　C. 环境贴切原则　　　　D. 用户可控原则

3. 收集用户反馈的方式通常有（　　）。

A. 测试用例评审　　　　B. 用户调研　　　　　　C. 可用性测试　　　　　D. 各种用户反馈渠道

四、思考题

思考低保真原型和高保真原型的特点及使用场景。

Web 端 "家居" 网页交互 UI 设计

本项目主要介绍 Web 端交互 UI 设计的相关理论知识，包括交互元素的设计规范、Web 端 UI 设计的类型、Web 端常用的交互组件及示例分析，着重讲解网页布局设计理论以及常见的布局设计。对于 "为什么要这样进行设计" 的问题，读者可以从本项目中找到答案。

学习目标

知识目标

● 了解交互设计在 Web 端整体设计制作中的项目地位；熟练掌握网页常用的交互组件及其适用场景。

能力目标

● 掌握网页交互 UI 设计布局理论，并应用到实际项目中的能力；具有独立完成制作 Web 端网页交互 UI 设计的能力。

素质目标

● 具有工匠精神与创新思维；具有诚恳、虚心、勤奋好学的学习态度。

2.1　Web 端 "家居" 网页交互 UI 项目背景分析

随着互联网的发展，人们的生活方式发生了巨大的改变，一些行业正面临着被颠覆的危机。如传统的家装行业，分散式的小装修队曾经是装修市场的主力军，而如今一站式家装网站已经出现。一个功能完善、操作简单的一站式家装网站是非常有市场的，它可以让客户更快地完成从商务咨询到装饰风格的选定，省去装修过程中烦琐的步骤。

本项目以 Web 端为开发环境，项目主要的前台功能包括装修知识查询、产品中心、预约装修、售后通道等。有装修需求的用户可以通过浏览网页获取装修信息，通过网页了解装修流程，以及通过互联网从设计、选材到验收、配饰等方面与卖家进行高效的沟通。

2.2 交互 UI 布局设计

交互 UI 布局设计的基本理论包括格式塔原理、栅格系统、菲茨定律、希克定律、7±2 法则、复杂度守恒定律、奥卡姆剃刀定律等。

2.2.1 基本理论的分析

1. 格式塔原理

格式塔（Gestalt）心理学诞生于 1912 年，由德国心理学家组成的研究小组试图解释人类视觉的工作原理，其中最基础的发现是人类的视觉是整体的。

我们的视觉系统自动对视觉输入构建结构，并在神经系统层面上感知形状、图形和物体，而不是只看到互不相连的边、线和区域，如图 2-1 所示。这体现了格式塔原理的封闭性，即我们的视觉系统自动尝试将"敞开"的图形"关闭"起来，从而将其感知为完整的物体。

图 2-1　格式塔原理的封闭性

最重要的格式塔原理包括接近性原理、相似性原理、连续性原理、封闭性原理、对称性原理、主体/背景原理、共同命运原理，如图 2-2 所示。

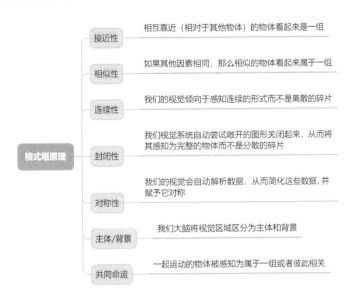

图 2-2　格式塔原理

用户界面设计并不都是关于生动的图形，它主要是与沟通、性能和易用有关的图形。所以格式塔原理是应用比较广泛的布局设计理论，它是根据人类感知和认知而总结提炼的视觉规则，为视觉设计师、交互设计师在设计产品时提供了理论依据。

2. 栅格系统

栅格系统（Grid Systems）也叫"网格系统"，网页栅格系统是从平面栅格系统发展而来的，以规则的网格阵列来指导和规范网页中的版面布局以及信息分布，如图 2-3 所示。

下面对栅格系统进行详细的讲解。

网格：网格是栅格系统最小的单位，栅格是由一系列规律的小网格组成的；在网页设计中经常将网格的大小定义为8，以8为基础倍数，元素大小可以被大多数浏览器识别并整除，最大程度避免出现半像素的情况，且元素以8像素为步进单位，元素的大小、间距有规律可循。目前前端开源组件库也多基于8为最小单位来设计，如图2-4所示。

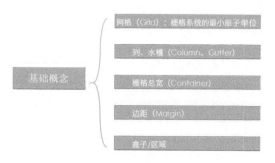

图2-3　栅格系统

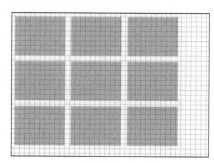

图2-4　网格

列：列是栅格的数量单位，通常设定栅格数量说的就是设定列的数量，如12栅格就有12个列；设定列的内边距（Padding）来定制槽（Gutter）的大小，剩余的部分称为栏。

槽：页面内容的间距，槽的数值越大，页面留白越多，视觉效果越松散，槽的数值通常是固定的，如图2-5所示。

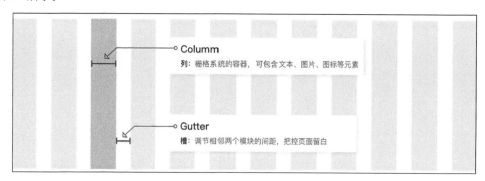

图2-5　列和槽

栅格宽度：页面栅格系统的总宽度。

边距：栅格外边距，与屏幕边缘保持一定的安全距离，如图2-6所示。

盒子/区域：建立好基础栅格之后，一块内容通常会占用一定的区域，我们把这个区域称为内容盒子，如图2-7所示。

图2-6　格栅宽度、边距

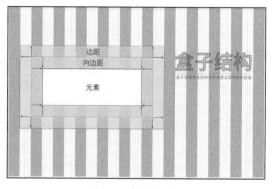

图2-7　盒子/区域

3. 菲茨定律

菲茨定律（Fitts' Law）是由保罗·菲茨（Paul M. Fitts）博士在对人类操作过程中的运动特征、运动时间、运动范围和运动准确性进行研究之后提出的，该定律是被用来预测从任意一点到目标位置所需时间的数学模型，在人机交互（Human-Computer Interaction，HCI）和设计领域的影响深远，如图2-8所示。

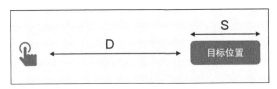

图2-8　菲茨定律

下面举例说明菲茨定律在设计中的应用。

- 界面中可点击区域在合理的范围内越大，越容易被点击，如图2-9 所示。
- 屏幕的边角处很适合放置菜单栏和按钮等元素，不管移动多远，鼠标指针最终会停在屏幕的边缘，并定位到按钮或菜单的上面，如图2-10所示。
- 出现在用户操作的对象旁边的右键菜单比下拉菜单和工具栏打开得更快，因为不需要移动鼠标指针到屏幕的其他位置，如图2-11所示。

图2-9　菲茨定律的应用1

图2-10　菲茨定律的应用2

图2-11　菲茨定律的应用3

4. 希克定律

希克定律（Hick's Law）指的是一个人面临的选择越多，做出决定所需要的时间就越长。希克定律多应用于软件/网站界面的菜单及子菜单的设计中，在移动设备中也比较适用，如图2-12所示。设计中应给用户尽量少的选择，降低用户的决策成本。

5. 7±2法则

1956年，乔治·米勒（George Miller）对短时记忆能力进行了定量研究，他发现人类头脑最好的状态能记忆7（±2）项信息，在记忆5～9项信息后人的记忆就容易开始出错。与希克定律类似，7±2法则也经常被应用于移动应用交互设计，移动应用的选项卡一般不会超过5个。

下面举例说明7±2法则在设计中的应用。

- PC端导航或选项卡尽量不要超过9个，移动应用的选项卡不要超过5个，如图2-13所示。

图2-12　希克定律的应用

图2-13　7±2法则的应用1

- 如果导航或选项卡的内容很多，可以用一个层级结构来展示各段及其子段，并注意其深度和广度的平衡，如图2-14所示。

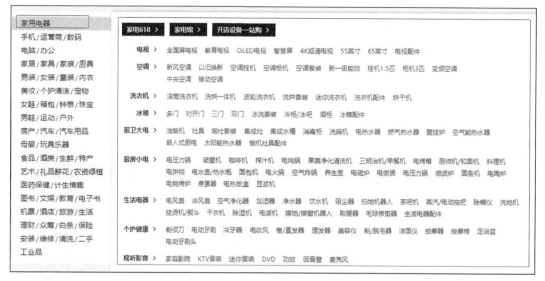

图2-14　7±2法则的应用2

- 把大块整段的信息分成各个小段，并显著标记每个信息段和子段，以便清晰地显示各自的内容，如图2-15所示。

6. 复杂度守恒定律

复杂度守恒定律（Law of Conservation of Complexity），由泰斯勒（Larry Tesler）于1984年提出，也称泰斯勒定律（Tesler's Law）。该定律认为每一个过程都有其固有的复杂度，存在一个临界点，超过这个点，过程就不能再简化了，只能将固有的复杂度从一个地方移动到另外一个地方，如图2-16所示。

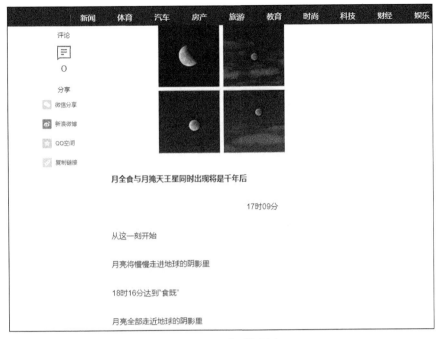

图 2-15　7±2 法则的应用 3

下面举例说明复杂度守恒定律在设计中的应用。

每个应用程序都具有其内在的、无法简化的复杂度。无论是在产品开发环节，还是在用户与产品的交互环节，这一固有的复杂度都无法依照我们的意愿去除，只能设法调整、平衡。这一观点主要被应用在交互设计领域，如个性化信息推荐，如图 2-17 所示。

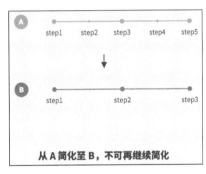

图 2-16　复杂度守恒定律

除了首页置顶内容，推荐内容对于每个人都是不一样的，它是根据个人的浏览爱好或者倾向进行的推荐。要实现这样的效果或者体验，需要很强的技术和大量服务器的支持，这种做法就是通过技术手段，将用户复杂度降低，将基于用户的协同过渡技术转移给了开发者。

图 2-17　复杂度守恒定律的应用

7. 奥卡姆剃刀定律

奥卡姆剃刀定律（Occam's Razor）是由 14 世纪逻辑学家奥卡姆（William of Occam）提出，这个定律是指"如无必要，勿增实体"，又被称作"简单有效原理"。不必要的元素会导致设计效率的降低，并且会增加不可预期的后果。在设计中我们可以去掉不必要的干扰元素，这样页面会比较纯粹、简洁。

下面举例说明奥卡姆剃刀定律在设计中的应用。

（1）只放置必要的东西

简洁网页最重要的一个方面是只展示有用的东西，但这并不意味着我们不能提供给用户很多的信息，我们可以用"更多"链接来实现，如图 2-18 所示。

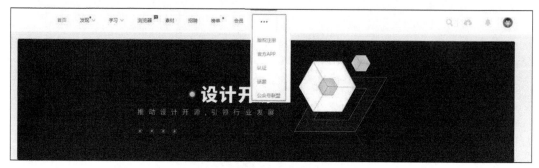

图 2-18　奥卡姆剃刀定律的应用 1

（2）减少单击次数

让用户通过很少的单击就能找到他们想要的东西，能提升产品的用户体验，如图 2-19 所示。

图 2-19　奥卡姆剃刀定律的应用 2

（3）减少段落个数

每当网页增加一个段落，页面中主要的内容就会被挤到一个更小的空间。有些段落并没有起到重要的作用，而是让用户知道更多他们不想了解的东西。图 2-20 中段落数量过多，用户进入首页看到大量的无关信息，这样会影响用户的正常操作。

（4）"外婆"规则

如果年龄大的人也能轻松地使用我们的产品页面，则会拓宽我们的用户群体，该产品可视作一个好的交互产品，如图 2-21 所示。

（5）给予更少的选项

做过多的决定也是一种压力，总的来说，用户希望在浏览网页的时候思考得少一点，如图 2-22 所示。

图 2-20　段落数量过多的页面示例

图 2-21　奥卡姆剃刀定律的应用 3

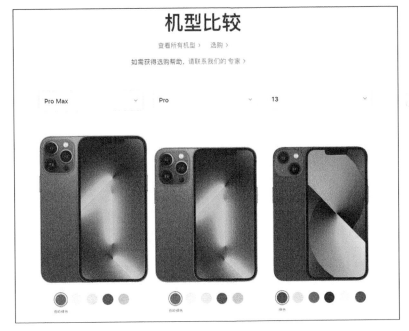

图 2-22　奥卡姆剃刀定律的应用 4

2.2.2　版式设计常见布局类型与分析

版式设计是设计人员根据设计主题和视觉需求，在预先设定好的有限版面内，运用造型要素和形式原则，根据特定主题与内容的需要，将文字、图片、图形及色彩等视觉传达信息要素进行有组织、有目的的组合排列的设计行为与过程。

版式设计的范围涉及平面设计各个领域。下面介绍常用的几种 Web 端界面布局设计类型。

1. 国字型布局

国字型布局又称同字型布局，是一些大型网站常采用的布局类型，最上面是网站的标题和横幅广告条，这种布局主要用于首页，如图 2-23 所示。它的特点是页面容纳内容多，信息量大。

2. 匡字型布局

匡字型布局去掉了国字型布局的右边部分，给主内容区释放了空间，常用于政府机关类网站、学校学术类网站，如图 2-24 所示。

图 2-23　国字型布局

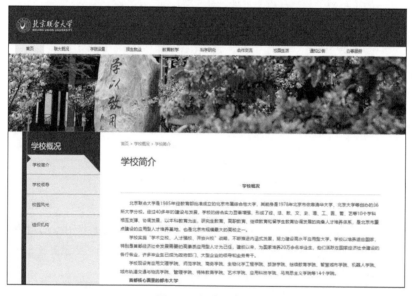

图 2-24　匡字型布局

3．三字型布局

三字型布局是在页面上由横向两条色块将网页整体分为三部分，色块中大多放置广告条与版权提示，如图 2-25 所示。

4．川字型布局

这种布局将整个页面在垂直方向分为 3 列，网站的内容按栏目分布在 3 列中，最大限度地突出主页的索引功能, 如图 2-26 所示。

图 2-25　三字型布局

图 2-26　川字型布局

5.海报型布局

海报型布局的首屏是一个大海报, 很多企业官网都采用这种布局类型, 给人简单、大气的感觉, 同时首屏也可以播放视频, 如图 2-27 所示。

图 2-27　海报型布局

6.标题文本型布局

标题文本型布局的页面最上面往往是标题或类似的一些内容, 标题下面是正文, 这种布局在一些学术类网站或者一些文章页面很常见，如图 2-28 所示。

图 2-28　标题文本型布局

综合型布局就是上述几种布局类型的综合运用，比较灵活，图 2-29 所示的网页就包含匡字型、标题文本型等布局类型。

图 2-29　综合型布局

2.3 基本元素

UI界面是由多个不同的基本视觉元素组成的。它们通过图形的组合、色彩的搭配、材质和风格的统一、合理的布局构成一个完整的界面。优秀的基本视觉元素是 UI 界面成功的基础，而 UI 基本元素设计规范，是以用户为中心根据产品的特点制定的。

2.3.1 界面尺寸

一般情况下，网页界面以 1920px 宽度作为设计标准。这个数据并不是我们想象出来的，而是由相关的统计网站统计出来的。百度流量研究院统计，市面上占比最多的显示器的分辨率为 1920px×1080px，如图 2-30 所示。

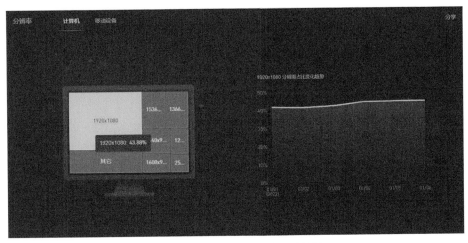

图 2-30　百度流量研究院的统计数据

不同浏览器对交互的实现方式不一样，如果都兼顾，实现起来会很复杂，甚至会影响网页的加载速度，从而影响用户体验，所以我们最好根据主流浏览器进行设计，如图 2-31 所示。

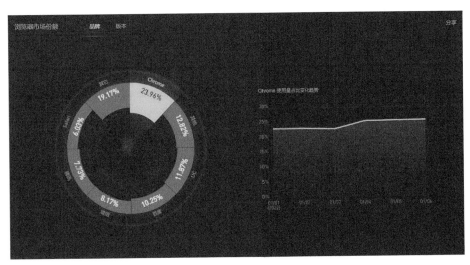

图 2-31　百度的统计数据

安全尺寸：在设计和实现 PC 端网页时，我们通常选用 1200px 宽度作为安全区域的设计标准。这主要是因为目前市面上设备的主流分辨率为 1920px×1080px，我们的产品最终要供用户查看，那么需要兼顾大部分用户的屏幕分辨率。查询当前计算机屏幕分辨率的使用情况可得出主流屏幕的最小宽度为 1280px。

由于考虑到屏幕左右两侧可能还会放置广告及返回顶部按钮等，因此原型宽度最好小于 1280px。以 1920px 宽度作为设计标准，在整个页面中，网页的安全区域则为 1200px。换句话说，我们只要保证网页的实际内容展示区域控制在 1200px 以内，就能保证整个页面在不同尺寸的浏览器访问时能够完整地显示出所有的内容，如图 2-32 所示。

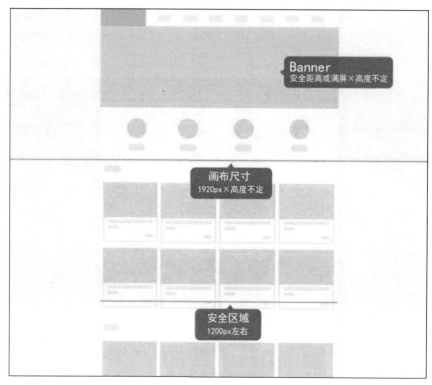

图 2-32　安全尺寸

2.3.2　文字

网页文字设计包含字体、字号、字间距及字体颜色等设计。

（1）字体

字体设计的原则是可辨识性和易读性。

网页的文字是系统默认的字体，如宋体、微软黑体、苹果系统黑体，英文则建议使用 Arial 无衬线字体。

（2）字号

常用的字号有以下几种。

- 12px 是应用于网页的最小字号，适用于非突出性的日期、版权等注释性内容。
- 14px 则适用于非突出性的普通正文内容。
- 16px、18px 和 20px 适用于突出性的标题内容。

（3）间距

- 字间距：相邻两个文字的间距，除了特殊的需求，可以使用默认的字间距。

- 行间距：推荐以字体大小的 1.5 ～ 2 倍作为参考进行设置。
- 段间距：推荐以字体大小的 2 ～ 2.5 倍作为参考进行设置。

如当选用 14px 的字体时，行间距为 21 ～ 28px，段间距为 28 ～ 35px。

（4）字体颜色

主文字颜色建议使用公司品牌的 VI 颜色，可提高公司网站与公司 VI 之间的关联，增加可辨识性和记忆性。

正文字体颜色选用易读性好的深灰色，建议选用 #333333 到 #666666 之间的颜色。

辅助性、注释类的文字则可以选用 #999999 这种比较浅的颜色，如图 2-33 所示。

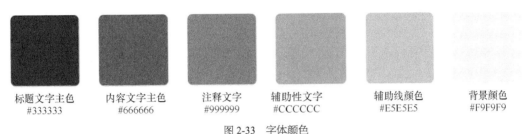

| 标题文字主色 | 内容文字主色 | 注释文字 | 辅助性文字 | 辅助线颜色 | 背景颜色 |
| #333333 | #666666 | #999999 | #CCCCCC | #E5E5E5 | #F9F9F9 |

图 2-33　字体颜色

2.3.3　色彩

色彩搭配遵循统一性配色原则，设计时要使用 Web 安全色，在 Photoshop 中选择 RGB/8 位，其他模式的色域很宽、颜色范围很广，在不同显示屏上可能会出现失色现象；通常，活动专题页可以不按这个规范执行。

设计时尽量保持色相一致，这样会给人页面一致化的感受，颜色尽量不要超过 3 种——主色、辅色、点缀色，特殊情况可以稍微偏离主色或使用邻近色，如图 2-34 所示。

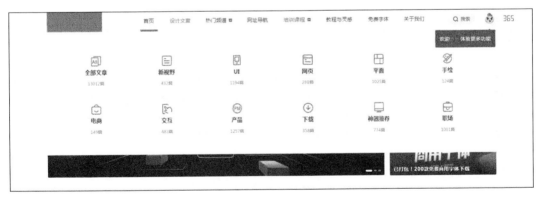

图 2-34　统一性配色

2.4　网页和网页交互 UI 组件的分类

下面介绍网页和网页交互 UI 组件的分类，了解这些内容有助于我们设计出符合用户需求的交互 UI。

2.4.1　网页的分类

网页设计其实就是一个网站的设计，包含网站的各个页面。那么对于设计，首先考虑的是布局，布局是否合理将直接影响到用户的阅读体验及访问时长。网页大概分为以下几类。

（1）综合资讯类网页

综合资讯类网页以提供信息资讯为主，是目前最普遍的网页形式之一，大部分企业的综合门户类网页都属于这类。其特点是信息量大，访问群体广，功能比较简单，基本包含检索、留言等简单的交互，如图2-35所示。

图2-35　综合资讯类网页

（2）企业品牌类网页

企业品牌类网页以展示为主，展示企业综合实力、体现企业品牌理念，对创意、美工、内容的组织策划等的要求较高；利用多媒体交互技术、视频、动态网页技术等，达到营销传播的目的。

（3）交易类网页

交易类网页以实现交易为目的，网站的内容基本是商品的展示、订单的生成等。

（4）社区论坛类网页

社区论坛类网页由同一地区或同一类型用户构成，把用户集中在一个平台，如猫扑、天涯社区等。

（5）办公及政府机构类网页

办公及政府机构类网页包括人力资源系统、办公事物管理系统等，基本的功能是提供多数据接口，实现业务系统的数据整合。

（6）互动游戏类网页

互动游戏类网页是近年来流行的一种网页。如传奇，联众等，这类网站的投入是根据所承载游戏后复杂程度来定的。

（7）有偿资讯类网页

有偿资讯类网页与综合资讯类网页相似，也是以提供资讯为主，但这类网页的业务模式一般要求访问者按次、时间或量付费，如知乎的付费咨询等业务。

（8）功能类网页

功能类网页的主要特征是将一个具有广泛需求的功能扩展开，开发一套强大的支撑体系，看似简单的页面，往往投入却很大，如图2-36所示。

（9）综合类网页

综合类网页的特点是提供两个以上类型的服务。

图 2-36　功能类网页

2.4.2　网页交互 UI 组件的分类

UI 组件就是用户界面成套元件，是界面设计常用控件或元件。网页交互 UI 组件根据用途，可以分为如下六大类。

- 反馈类：各种提示、提醒框。
- 表单类：输入框、级联选择器、单选框、复选框等。
- 基础类：按钮、布局等。
- 数据类：徽标数、上传、进度条、加载条等。
- 导航类：导航菜单、面包屑、下拉菜单等。
- 其他类：表格、列表、卡片等。

网页交互 UI 组件使用详解

1. 反馈类

反馈就是用户做了某项操作后，系统给用户的一个响应。

（1）吐司提示

当用户产生操作或输入错误时，会出现吐司提示，如图 2-37 所示。

图 2-37　吐司提示

吐司提示告知用户需要了解的信息，让用户在使用过程中得到反馈和帮助。

（2）气泡提示

气泡提示常用于解释操作按钮。

鼠标指针移入则立即显示提示，移出提示则立即消失，不承载复杂文本和操作，如图 2-38 所示。

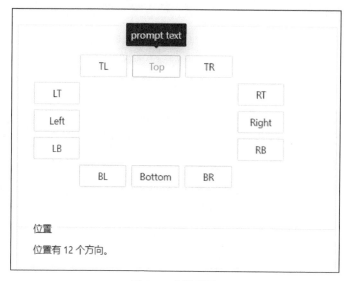

图 2-38　气泡提示

2. 表单类

表单在网页中主要负责数据采集，用户输入数据后表单需要将数据提交到数据库。

（1）输入框

输入框主要用于用户输入文本，是以字符串的方式将输入内容提交到数据库，如图 2-39 所示。

图 2-39　输入框

（2）级联选择器

当一个数据集合有清晰的层级结构时，我们可以通过级联选择器进行逐级查看并选择，如图 2-40 所示。

（3）单选框

单选框用于在多个备选项中选中单个选项，如图 2-41 所示。

（4）复选框

复选框用于在一组可选项中进行多项选择，如图 2-42 所示。

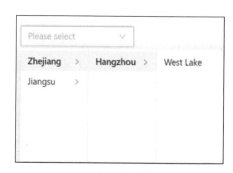

图 2-40　级联选择器

图 2-41　单选框

图 2-42　复选框

3. 基础类

这个类型在网页中主要表现为按钮和页面的整体布局。

（1）按钮

按钮用于开始一个即时操作。在设计中，有 5 种基本按钮类型：主要按钮、默认按钮、虚线按钮、文本按钮、链接按钮，如图 2-43 所示。

图 2-43　按钮类型

（2）布局

布局主要是协助进行页面的整体布局，通常用于应用型网站，如图 2-44 所示。

图 2-44　顶部侧边布局

4. 数据类

这种类型在网页中主要负责展示将数据进行标记、上传及加载的过程。

（1）标记 / 徽标数

标记 / 徽标数一般出现在通知图标或头像的右上角，用于显示需要处理的消息条数，通过醒目的视觉形式吸引用户处理，如图 2-45 所示。

（2）上传

上传是通过单击或者拖动上传文件，将信息（网页、文字、图片、视频等）通过网页或者上传工具发布到远程服务器上的过程，如图 2-46 所示。

图 2-45　标记 / 徽标数

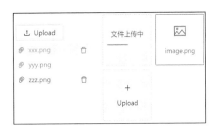

图 2-46　上传

（3）进度条

进度条用于展示当前操作进度，告知用户当前状态和预期，如图 2-47 所示。

（4）加载

当加载数据时网页中会显示动效，合适的加载动效会有效缓解用户的焦虑情绪，如图 2-48 所示。

图 2-47　进度条

图 2-48　加载

5. 导航类

导航类组件主要用于作为导航提示的组件，如导航菜单、面包屑、下拉菜单等。

（1）导航菜单

导航菜单是一个网站的灵魂，是为用户提供页面和功能导航的菜单列表，用户依赖导航菜单在各个页面中进行跳转。

导航菜单一般分为顶部导航和侧边导航，如图 2-49 和图 2-50 所示。

图 2-49　顶部导航

图 2-50　侧边导航

（2）面包屑

面包屑显示当前页面在系统层级结构中的位置，并能向上返回，提供一个有层次的导航结构，并标明当前位置，如图 2-51 所示。

（3）下拉菜单

下拉菜单是弹出的菜单列表，可将动作或菜单折叠到下拉菜单中，如图 2-52 所示。

图 2-51　面包屑

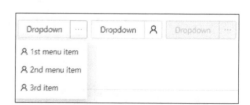

图 2-52　下拉菜单

6. 其他类

其他类通常是表格、通用列表及卡片等用于后台展示的组件。

（1）表格

表格是为页面和功能提供导航的菜单列表，展示行、列数据，如图 2-53 所示。

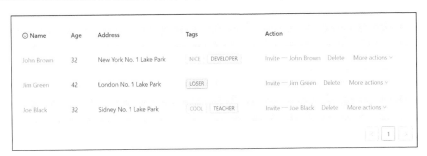

图 2-53　表格

（2）通用列表

通用列表是最基础的列表展示，可以承载文字、列表、图片、段落，常用于后台数据展示页面，如图 2-54 所示。

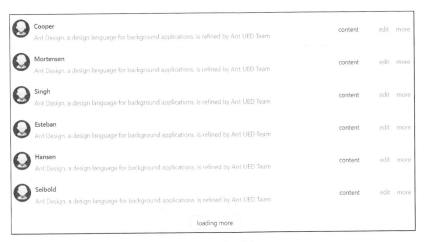

图 2-54　通用列表

（3）卡片

卡片组件是一种通用卡片容器，用户可以将信息聚合在卡片组件中展示。该组件可承载文字、列表、图片、段落，常用于后台概览页面，如图 2-55 所示。

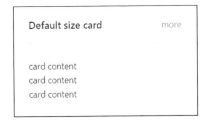

图 2-55　卡片

2.5　项目实施——Web 端"家居"网页交互 UI 设计

在进行网页交互 UI 设计之前，首先要确定页面风格，然后根据设计规范及布局理论进行版式设计，同时我们要知道我们要制作的网页包含哪些区域设计。下面以对"家居"网页高保真原型的 UI 设计为例进行讲解。

2.5.1 设计"家居"首页

网站的首页统览网站的主要内容，并提供通往各个页面的链接，下面以"家居"首页为例对页面进行分析与设计。

1. 确定页面风格

网页设计越来越趋向简约自然的设计风格，去除繁杂装饰。简约的网页设计风格主要围绕两个点：一个是视觉上看起来简单自然，另一个是优化功能的体现。

本着统一配色的设计规范，在配色上采用橙、灰、白为主色调，为了更简单明了地突出主体，提供更舒适的体验，我们对"家居"首页采用全屏网页设计，利用精心挑选的背景和合理的页面布局，增强视觉冲击力，从而吸引浏览者的注意。通常页面内的文字内容不会特别多，少量文字加上以图片展示为主的合理排版将会变得更加吸引人，如图2-56所示。

图 2-56 页面风格

2. 确定网页类型

对于 Web 端"家居"网页，我们将其定位为企业品牌类网页，以展示为主，体现企业品牌理念，对创意、美工、内容的组织策划等的要求较高；利用多媒体交互技术、视频、动态网页技术等，达到营销传播的目的。

3. 版式设计类型

版式上，我们采用综合型布局，比较灵活。首先将网页整体横向分割为三部分，类似三字型版式，可以让浏览者快速找到目标，如图2-57所示。

同时，在 Banner 处，我们设计为满屏展示，类似海报型版式设计。很多企业官网都采用这种布局类型，给人简单、大气的感觉。

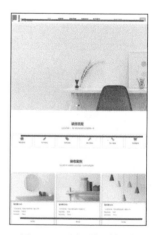

图 2-57 三字型版式设计

4. 设计规范

- 网页尺寸上，根据百度流量研究院的统计，我们采用主流的显示分辨率 1920px×1080px 的尺寸进行页面设计，便于适配及通用。
- 文字参考网页文字规范，标题字号采用 16 ~ 20px，突出标题内容，14px 作为正文字号大小，12px 作为非突出性文字和用户注释等内容字号大小；字体颜色采用易读的深灰色，色值在 #333333 到 #666666 之间；行间距采用字号大小的 1.5 ~ 2 倍，如图2-58和图2-59所示。

图 2-58　标题字号

图 2-59　正文字号及行间距

5. 布局设计

（1）首页设计包括的内容区域

● 页头部分：客户企业的 Logo 和标语；主要告诉用户这是什么网站，它是做什么的。

● 品牌理念：最有价值的位置之一是靠近 Logo 的地方，当我们看到一个和客户企业的 Logo 相关联的短语时，就知道这是口号，然后我们会把它当作整个网站的描述；口号是一条精练的语句。

● 主页：网站提供的服务的概貌，既要包括内容，也就是能在这里找到什么；也要包括功能，即该网站能做什么。

● 搜索：大多数网站需要在主页上设置一个突出显示的搜索框，它是一个站内给用户直接到达目的地的通道，起到引导用户的作用，如图 2-60 所示。

图 2-60　页头及搜索区域

● 主体：内容区域，是展示部分的主体，以展示为主，如图 2-61 所示。

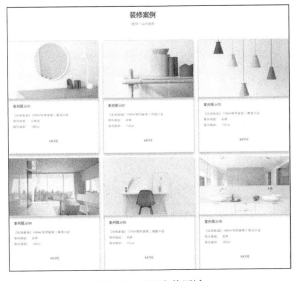

图 2-61　页面主体区域

- 页脚部分：这部分包含一些版权信息、友情链接、联系方式、备案信息等；通常页头和页脚是整个网站通用的部分，如图 2-62 所示。

图 2-62　页脚

（2）搭建栅格系统

首先，确定屏幕尺寸，确定安全范围。当我们开始着手设计页面时，首先应考虑在多大的范围内做设计，也就是确定栅格区域的宽度，我们采用主流分辨率设定界面的宽度为 1920px，以布局"全屏"为例进行设计。栅格区域的宽度 = 响应式区域 – 页边距 ×2，由于我们采用全屏设计，所以，栅格区域的宽度 = 响应式区域，如图 2-63 所示。

图 2-63　确定栅格区域的宽度

其次，确定关键数据，也就是列的数量和栏的宽度。栅格系统通常被划分为 12 栅格或 24 栅格。划分的格子越多，承载的内容越精细，但也容易显得琐碎。一些商业网站、门户网站通常将栅格系统划分成 12 栅格，我们以 12 栅格为例进行页面设计。根据内容区域宽度为 W（weight）、列宽为 C（column）、列数为 n、槽为定值 G，可以得出 $W=C\times n$ 的计算公式；由于槽不可以放置内容，可以得出 $W=C\times n-G$ 的计算公式；以屏宽 1920px 的项目划分栅格，满屏设计内容区域宽度为 1920px，12 列栅格，槽为定值 24px，那么可以得出列宽为 160（即 1920÷12）px、栏为 136（即 160-24）px，根据场景将栅格区域划分成三等份，如图 2-64 所示。

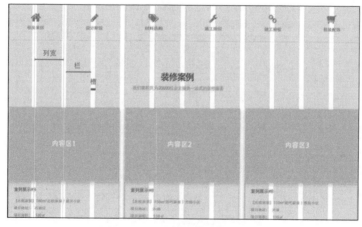

图 2-64　确定列的数量和栏的宽度

这样，一个基本的网页栅格系统就搭建完成了。

（3）布局设计——相似性原则

布局依据格式塔原理的相似性原则设计，即内容相似的归为一组，使不具有相似特征的元素更像一个整体，如图 2-65 所示。

图 2-65　布局设计——相似性原则

（4）布局设计——对称性原则

无论距离远近，对称元素都会被认为属于一体，给人一种坚固和有序的感觉，我们的眼睛会寻求这些属性，因此对称对快速有效地传递信息非常有用。对称性原则通常用于产品展示、列表、导航、Banner 和任何内容丰富的页面中，如图 2-66 所示。

以上，应用我们所讲的设计规范、布局设计理论，以及搭建的栅格系统，就完成了 Web 端"家居"首页的设计工作。

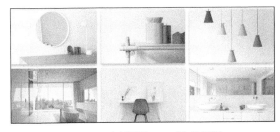

图 2-66　布局设计——对称性原则

2.5.2　设计"家居"网页交互 UI 导航菜单组件

导航菜单组件中，通常导航位于页面顶部或者侧边区域；轮播图片上边或下边的一排水平导航按钮，起着链接网站内的各个页面的作用。此外，其中还包含用户登录、注册、个人中心等信息。

我们先新建一个图层组，命名为导航或 nav，然后确定首个文字在页面中的位置，字号按照网页文字设计规范，正文或一级标题字号为 14px ～ 16px，颜色不要用纯黑，颜色亮度为 40%，

然后等间距输入后面的导航菜单文字，如图 2-67 所示。

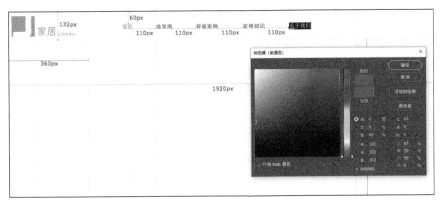

图 2-67　导航菜单文字

接下来我们制作搜索栏，同样在参考图中用选区的方法确定搜索栏长宽比、位置等信息，然后在新建的画布中使用工具栏中的矩形工具进行绘制，如图 2-68 所示。

设置矩形宽 380px，高 56px，无填充，描边 1px，倒角 5px，如图 2-69 所示。

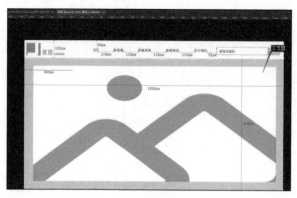

图 2-68 搜索栏制作

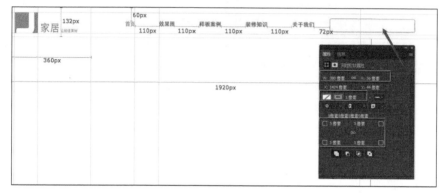

图 2-69 绘制矩形框

置入搜索框里的"搜索图标",将其放到合适的位置,如图 2-70 所示。

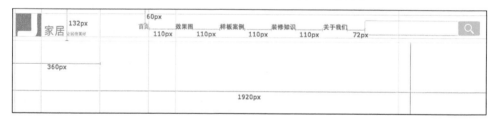

图 2-70 置入"搜索图标"

这样就完成了导航菜单组件的制作,如图 2-71 所示。

图 2-71 导航菜单组件

制作好的页面如何与原型设计工具进行衔接？这就需要我们对设计完成的页面进行切图、标注和存储操作。

首先，我们对制作好的首页进行切图，文字及矩形框等是不需要进行切图的，图片、Logo 以及图标需要进行切图。我们如果使用手动切图的方法，当页面需要的切图量很大时，效率比较低，时间成本高。

我们可使用 Cutterman 插件进行切图，单击"窗口 > 扩展功能 >Cutterman"，打开"Cutterman- 切图神器"面板，选中要切图的层，设定输出文件夹后，选择"Web>PNG8"，单击"导出选中图层"按钮就可以一键输出切好的图，如图 2-72 所示。

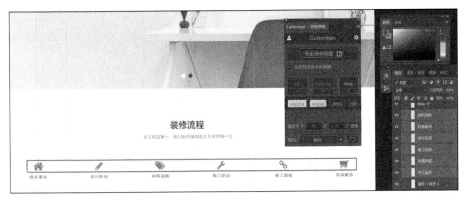

图 2-72　"Cutterman- 切图神器"面板

依次将需要的 Logo、图标、图片等元素，使用插件导出到设置好的输出文件夹就可以了，如图 2-73 所示。

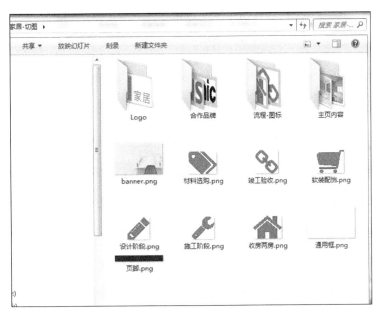

图 2-73　输出文件夹

但对于有些图片，如导出的文件信息比较多，我们可以使用"文件"菜单中的"存储为 Web 所用格式"命令进行优化。我们可以设置存储格式为 JPEG 或 PNG，对颜色数、图像大小等进行优化，在不失真的情况下，选择最佳设置方案，设置后单击"存储"按钮，如图 2-74 所示。

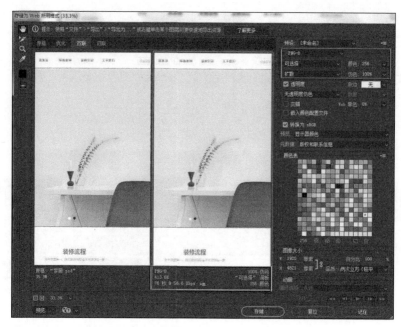

图 2-74　使用"存储为 Web 所用格式"命令优化图片

对文字、矩形框等没有切图的图层元素进行标注,如字号、字间距、字体颜色,以及矩形框的透明度、倒角数值等信息,为后续的原型工具设计提供参考,如图 2-75 所示。

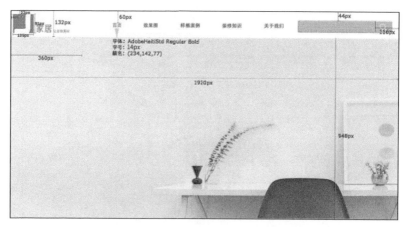

图 2-75　标注

2.6　项目小结

通过本项目,我们对网页布局设计理论有了一定的掌握,这些理论是从用户的行为逻辑中总结出来的,掌握这些设计理论能让我们迅速有效地完成网页交互设计,我们可以依据这些理论和相关的设计规范,按照功能需求直接调用规范中的标准交互组件。

同时,可以通过常见的网页 UI 设计类型及应用场景分析,给我们的产品做一个定位,便于我们在进行 Web 端交互 UI 设计时有个明确的方向,包括会采用哪些元素、设计风格等,为我们后面做网页交互原型设计做一个铺垫。

2.7　素养拓展小课堂

交互设计同样要秉承与时俱进、尊重科学的精神，在高校领域，尤其是对于艺术类院校学生而言，知识与技术、艺术并存，要注重个性化的培养，对创新意识和创造能力的训练更是不容忽视的一个环节。将格式塔原理引入本次项目设计，目的是希望界面交互设计向理性化发展，在设计时要遵照人类的认知规律，并将这些规律正确地应用到设计实践中。

2.8　巩固与拓展

前面我们讲到了网页交互设计组件的作用、区别和应用场景，这对后续进行网页原型交互设计有着很重要的作用，请你思考一下 UI 设计组件的分类以及几种提示组件的区别。另外，请你从日常使用的网页中寻找、收集常用的 UI 设计组件及样式，针对用途尝试分析它们属于哪一类交互设计组件，这有助于强化我们对交互设计组件的理解和实践应用。

2.9 习题

一、单选题

1. 以下选项中，不属于国字型布局特点的是（　　　）。

A. 页面容纳内容多　　　　　　　　B. 信息量大

C. 左侧会固定　　　　　　　　　　D. 常用于首页设计

2. 现今主流的网页尺寸为（　　　）。

A. 1366px×768px　　　　　　　　B. 1600px×900px

C. 1920px×1080px　　　　　　　　D. 1280px×720px

二、多选题

1. 格式塔原理包括的内容有（　　　）。

A. 接近性原理　　　　　　　　　　B. 相似性原理

C. 连续性原理　　　　　　　　　　D. 封闭性原理

2. 以下选项中，属于页面布局的基本理论有（　　　）。

A. 栅格系统　　　　　　　　　　　B. 希克定律

C. 菲茨定律　　　　　　　　　　　D. 奥卡姆剃刀定律

三、操作题

根据界面设计规范及常用组件，设计购物类网页的界面，界面数量不少于 5 个。

移动端"美食小吃"App 交互 UI 设计

本项目主要介绍 App 交互 UI 设计的视觉层次结构的相关理论知识，包括视觉引导和反馈、App 界面的设计风格、版式设计，以及移动端平台的界面设计规范，帮助读者提升视觉层次结构设计的认知。

学习目标

知识目标
● 学会分析视觉引导和反馈的类型；熟练掌握移动端平台的界面设计规范及版式设计。

能力目标
● 具有独立完成 App 端交互 UI 设计产品的能力；具有 App 端交互视觉层次结构设计的能力。

素质目标
● 具有自主学习和拓展知识的能力；具有弘扬民族文化精神的职业道德素养。

3.1 移动端"美食小吃"App 交互 UI 设计项目背景分析

近年来，餐饮行业的互联网化飞速发展。从最初的点评模式开始，团购、外卖等诸多形式不断涌现。当前，餐饮行业已成为本地生活服务行业中互联网化程度最高的行业之一。订外卖、在线预订、团购都已经成为消费者就餐时的常规选择。

外卖已成为一种常规订餐方式。借助外卖，餐厅可在一定程度上摆脱位置、营业面积的约束，扩大服务范围，提高销量。早期的订餐服务平台有百度外卖、饿了么、美团外卖，2017 年饿了么收购百度外卖后，饿了么和美团外卖占据主要市场。

饿了么瞄准外卖市场，专注餐饮行业而成为餐饮服务界巨头。美团外卖是美团集团 T 型战略的重要一环，一直在积极搭建 O2O（线上到线下）平台，扩大 O2O 平台的可能性，因此生鲜、水果、药品等配送服务应运而生。

面对规模如此庞大的市场环境，利用网络宣传美食是现今最有效的方法。设计一款具有地方特色的美食 App 不仅可以长期宣传美食文化，还可以提高商户或企业的知名度。餐饮业一直在社会发展与人民生活中发挥着重要作用，经营档次和企业管理水平不断提高，经营业态日趋丰富，投资主题和消费需求多元化的发展步伐加快。设计一款自己的 App 或虚拟店面，需要摒弃传统餐饮业低层次的服务方式，走特色美食文化之路，提高文化品位，同时要突出 App 的深层次服务，如企业精神、特色菜肴、休闲、文化娱乐、在同行业中的特色优势、投诉处理、意见反馈，甚至互动交流等，培养各阶层顾客对品牌的忠诚度。

3.2 移动端"美食小吃"App 交互 UI 设计项目需求分析

外卖的出现对餐饮业产生了巨大影响，订购外卖已经成为人们日常生活中常见的事情，加入外卖平台是多数餐饮企业的选择。餐饮店铺越来越离不开外卖 App，消费者也离不开外卖 App，外卖 App 已经成为人们饮食生活中不可缺少的重要部分。

目前，市场对外卖 App 的需求主要体现在以下几个方面。

- 客户端：对外卖 App 用户来说最重要的功能是自动找到当前位置，然后展示附近的美食，根据销售量、距离、类别、价格等进行选择，在线完成支付后，可以查看配送信息等。
- 后台管理端：主要功能模块包括设置营销入驻系统、营销支持、各种营销活动、商城结算、数据统计、信息推送等。
- 商家方面：主要面向入驻外卖 App 的普通商家，核心功能包括店铺和产品设置、营销活动设置、结算、在线客服、电话短信、店铺公告、订单管理、评价管理等。
- 配送方：主要面向配送人员，包括实时订单、转账帮助、异常订单、信息通知、历史订单、配送收入、地图定位、导航等。

根据产品的定位、目标用户以及用户的分布，商家开发一款自己的外卖 App，可以更精准地把握用户，并有针对性地提供定制化服务；同时所有用户的数据都在 App 后台的数据库里，不需要与其他商家进行比较，不仅能大大提高商家的利润，还能降低给用户的价格，提高下单率。商家还可以举办各种营销活动，建立会员积分系统，促进销售，从而提升销售额，同时提高知名度。

3.3 视觉层次结构与视觉引导

视觉层次结构也是内容的构成布局，合理的布局便于更有效地传达信息。合理的布局依据重要性排列设计元素，可以将用户首先引导到最重要的信息处，然后引导到次要的内容处。

3.3.1 视觉层次结构的构建

用户对视觉元素的理解都是基于构图中的其他元素和项目背景的。设计人员应对界面中的构成元素进行相应处理，形成视觉关系，从而在整个设计中建立视觉层次。

视觉层次结构的基础主要通过视觉语言的基本元素，如尺寸、颜色、字体、布局等来构成，具体内容如下。

（1）尺寸和比例

对一些重要的内容进行放大显示，通过放大主体内容或者标题来突出视觉层次关系，从而突出主要内容，如图 3-1 所示。

微课视频

视觉层次结构
的创建

图 3-1　尺寸大小和比例

（2）颜色

人们对每种色彩的认知是不一样的，鲜艳的颜色更容易吸引人们的注意力。通常在 UI 设计中，蓝色文字代表可点击，红色代表出错或警示；浅色就没有那么强的吸引力（如图中的灰色和淡黄色等），如图 3-2 所示。

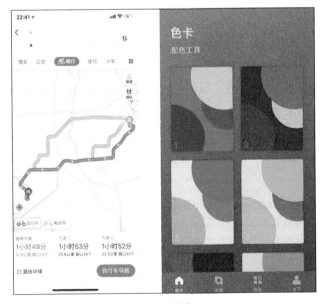

图 3-2　颜色

（3）字体

使用字体的大小粗细来创建视觉层次结构，这样信息结构会更加清晰。在设计时运用不同的字体形成强烈的视觉层次，可以使更重要的文字信息突出展示出来，如图 3-3 所示。

（4）布局

可通过参考线和网格进行布局设计，每组元素都会变得紧密关联。

图 3-3　字体

在 App 界面中，内容都会显示在中间的内容区域里，内容区域与屏幕的左右两端之间的空间称为外边距，如图 3-4 所示。外边距越大，页面显得越宽松，外边距越小，页面显得越饱满，因此我们需要根据实际的情况去确定具体数值，如图 3-5 所示。

（5）分组、对齐

分组和对齐页面元素在一定程度上可以引导视觉，可以运用格式塔原理中的相似性、接近性、连续性、封闭性原理进行布局，如图 3-6 所示。

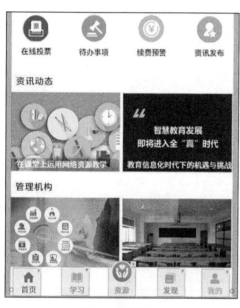

图 3-4　外边距 1

图 3-5　外边距 2

图 3-6　分组、对齐

3.3.2　视觉引导和反馈

在快节奏的生活方式下，用户通常以扫描的方式快速获取界面的信息，那么我们需要知道，如何让我们的 App 更加高效、快速地帮助用户轻松地浏览到所需要的信息。使用移动端设备大多数是在碎片时间，所以要让用户更高效、便捷地扫描到要浏览的内容，就需要进行视觉引导和反馈。

1. 视觉引导

我们在 App 产品中会看到各种样式的图标，有些图标与内容比较贴合，标识引导性强，同时也让内容显得严谨、专业，如图 3-7 所示。这就是视觉引导。

在颜色的构成、元素的形状、丰富的程度等细节方面遵循一致性原则，可以使图标显得更加专业，如图 3-8 所示。这也是一种视觉引导。

图 3-7　视觉引导

图 3-8　图标一致性

2. 反馈

我们在 App 中进行各种操作时，会遇到不同的反馈，如等待加载、信息确认、错误提示等。反馈设计的目的是让用户知道操作的结果是什么，将要发生什么。反馈设计可以分为以下几个步骤来完成。

首先，确定恰当的模式。

从交互类型来看，可以把反馈分为两种类型，一种是非模态反馈，另一种是模态反馈。

非模态反馈是将反馈以干扰度最小的方式传达给用户，如图 3-9 所示；模态反馈则是强调反馈信息的重要性，一般带有可操作的选项，如图 3-10 所示。这两种类型最大的差别在于"反馈是否会中断当前的操作流程"。

图 3-9　非模态反馈

图 3-10　模态反馈

其次，设计清晰的内容。

从认知方式出发，反馈设计要遵循人的认知心理过程，反馈的内容也要符合用户的认知。反馈内容的呈现可以通过视觉暗示，如图 3-11 所示；也可以为异常流程提供解决方法来优化反馈设计，如图 3-12 所示。

图 3-11　视觉暗示

图 3-12　提供解决方法

最后，反馈响应要及时告知用户。

反馈响应要及时告知用户主要指反馈信息的及时性，很大程度影响着反馈设计的体验度。App 要让用户明白现在发生什么、未来结果可能会如何发展，应该在当前页及时地给予用户提醒，如图 3-13 所示。

反馈设计需要遵循以下一些设计原则。

- 反馈响应及时，即反馈结果要及时告知用户，为用户在各个阶段提供必要、积极、即时的反馈。
- 避免过度反馈，以免给用户带来不必要的打扰。除了考虑根据不同场景选择不同的反馈模式之外，采用的反馈模式应尽可能将对用户当前操作的打扰程度降到最低。
- 反馈模式合理，为不同类型的反馈做差异化设计，虽然我们在设计反馈时会考虑避免打扰用户，但在对应的场景应选择最合理的反馈模式。
- 所提供的反馈要能让用户用最便捷的方式完成选择。
- 避免遮挡用户可能会去查看或操作的对象。

图 3-13　反馈及时告知用户

3.4　App 界面元素构成设计

App 界面元素构成设计的一个要点是选择正确的界面元素。

界面元素既要能帮助用户完成操作反馈的任务，还要容易被理解和使用；某个功能要在某个或某些界面上完成，这些在交互设计中就已经决定了；而这些功能在界面上如何被用户认知到，就属于 UI 交互设计的范畴。

设计复杂系统的界面首先要面临的一个挑战，就是弄清楚用户不需要知道哪些内容，并且减少它们的可发现性。

我们可以采用一些技巧，使用户完成目标的过程变得容易些。比如，当我们把界面第一次呈现给用户的时候，应仔细考虑每一个选项的默认值，如图 3-14 和图 3-15 所示。

图 3-14　提升用户体验感 1

图 3-15　提升用户体验感 2

一个设计良好的界面要组织好用户最常采用的行为，同时让这些界面元素以最容易的方式被获取和使用。

3.4.1　App 界面的构成

App 界面包括启动页、引导页、登录注册页、首页等界面。

1. 启动页

启动页是启动 App 时的初始界面，一般由 Logo、Slogan（口号）、版本号、产品名、公司名、版权信息等组合而成，出现时长一般在 3 秒内，如图 3-16 和图 3-17 所示。

图 3-16　启动页 1

图 3-17　启动页 2

微课视频

App 界面的构成

2. 引导页

引导页一般起产品的功能性引导作用，使用户能快速了解产品特性；界面数通常为 1 ～ 5 个，3 个最为常见；内容由主题、图 / 文简介、页面指示器、跳过按钮等构成，如图 3-18 和图 3-19 所示。

设计时需要注意的是文字信息不宜过多，主题内容要突出，图片要符合品牌调性的同时数量也不宜太多。

图 3-18　引导页 1

图 3-19　引导页 2

3. 登录注册页

登录注册方式一般有以下几种。

- 第三方账号登录，用户不需要注册账号，直接用第三方账号登录，流程简单。
- 手机号注册，一般会结合密码或是动态验证码。
- 邮箱注册，这种方式较早，设计之初是在网页版注册时使用。

4. 首页

App 首页通常由以下几个标准的信息区域构成。

- 公共导航区：包括导航栏、状态栏，它是对软件操作进行宏观操控的区域。
- 状态栏：也叫状态指示器。在 iOS 7 以后，苹果系统开始慢慢弱化状态栏的存在，将状态栏和导航栏组合在了一起其他系统也是类似的。

通常导航栏高度为 88 ~ 132px，分别对应 iPhone SE ~ iPhone 14 的尺寸（部分设备），iOS 严格规定了标准信息区域的高度，所我们也需要严格遵守，如图 3-20 所示。

设备	分辨率	状态栏高度	导航栏高度	标签栏高度
iPhone SE	640px×1136px	40px	88px	98px
iPhone 6s/7/8	750px×1134px	40px	88px	98px
iPhone 6s/7/8 Plus（@3x）	1242px×2208px	60px	132px	147px
iPhone X （@2x）	750px×1624px	88px	88px	98px
iPhone XR/11（@2x）	828px×1792px	88px	88px	98px
iPhoneX/XS/11Pro/12mini（@3x）	1125px×2436px	132px	132px	147px
iPhone12/13/14 （@3x）	1170px×2532px	132px	132px	147px

图 3-20　iOS 界面信息区域高度

- 主菜单栏：也叫标签栏，承载的内容包括软件 Logo、软件版本、信息框架，以及相关图文信息等。
- 底部标签栏：具有很强的包容性，可以形成最基本的信息框架，然后用其他的导航模式来承载具体的功能和内容；展现形式有文字 + 图标、纯图标，常用的是文字 + 图标的形式，可以减小用户记忆负担，如图 3-21 所示。

- 功能操作区：也叫内容区域，它是软件的核心部分，也是版面中占用面积最大的部分，如图 3-22 所示。

 注意：iPhone X 及之后版本的底部要预留 68px 的主页指示器的位置。

图 3-21　底部标签栏

图 3-22　功能操作区

App 界面元素的设计

3.4.2　App 界面元素的设计

App 界面元素的设计主要从显著性元素、视觉和心理需求，以及用户的定势和期望这几方面来进行考量。

（1）显著性元素

显著性元素主要分为感觉和认知两大类。

感觉类元素主要体现在颜色、位置、大小等物理特征上，而认知类元素则反映物体与人的关系，如图 3-23 和图 3-24 所示。

合理地运用这些元素可以有效地引起浏览者的注意，形成和谐统一的界面，但要注意采用的元素不要过多，否则会给用户造成视觉上的负担。

（2）视觉和心理需求

我们的大脑中枢在处理看见的内容

图 3-23　感觉类元素

图 3-24　认知类元素

时，会根据自己的兴趣对视觉刺激强的事物首先分配注意力，这就要求我们在设计 App 界面时要同时考虑用户的视觉需求和心理需求，随着界面的即时性来改变设计。

在设计界面时，为了减轻用户的认知负荷，获得良好的用户体验，在信息的布局上要构建科学合理、舒适愉悦的视线流与操作流。

视线流是用户视觉焦点在界面上的运动轨迹，操作流是用户在操作界面形成的触点移动轨迹。人的视线习惯是从上到下、从左到右，且水平运动快于垂直运动，所以界面中左上象限比其他象限更容易获得注意，如 F 形布局、Z 形布局的形式更符合我们的视线习惯，如图 3-25 和图 3-26 所示。

图 3-25　F 形布局

图 3-26　Z 形布局

（3）用户的定势和期望

定势指的是某种活动前的心理预备状态，期望是指对某个事物发展的预设。

在交互设计中，用户更期待高效操作和降低认知负荷，当用户对界面中某个元素不能产生定势和预期，就会给用户认知造成不利影响，也容易诱发视觉盲区。

3.5　App 界面设计风格

App 界面设计风格是指 App 通过主要的几种颜色搭配、页面布局和品牌形象等给用户呈现出的整体视觉感受。

一个 App 项目开始启动设计时，首先要做的应该就是根据主要界面指定整个 App 的设计风格，其他界面按照统一的设计风格进行细化与美化设计。

统一设计风格能给用户呈现整体一致的视觉体验，有利于传达产品整体的品牌形象，也便于设计团队制定设计规范，从而减少设计风格不一致带来的沟通成本。

①App 设计风格从视觉效果上至少给用户传达了两个信息：App 的整体基调、App 的目标人群。

同样是即时通信社交应用，设计风格为什么会有差别？这是由产品的定位和目标用户决定的，如图 3-27 和图 3-28 所示。

图 3-27　微信界面设计风格

图 3-28　QQ 界面设计风格

微课视频

App 界面设计
风格

② 现在主流的设计风格是扁平化设计，它的优点如下。

● 界面美观、简约大方、条理清晰。

● 设计元素上强调抽象、极简、符号化，去除冗余的装饰效果，突显 App 的文字图片等信息内容。

● 完美兼容 PC 网站、Android、iOS 等不同系统的平台和不同屏幕分辨率的设备，适应性强，如图 3-29 和图 3-30 所示。

图 3-29　扁平化设计风格 1

图 3-30　扁平化设计风格 2

③ 在设计风格表现上，颜色占据用户大部分的视觉体验。

要做好设计风格，首先要做好界面的颜色搭配和分布，如图 3-31 所示。

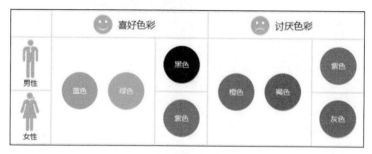

图 3-31　男性 / 女性的喜好色彩 / 讨厌色彩

设计风格的配色除了要注意男性 / 女性的喜好差别之外，还应该重视通过冷暖色彩加明暗度的搭配方式传递给用户的印象和心理感受，如图 3-32 所示。

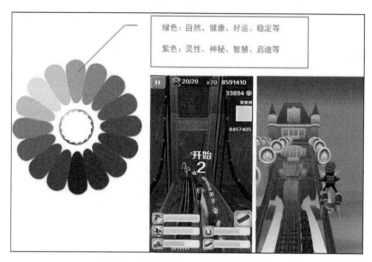

图 3-32　冷暖色彩加明暗度的搭配方式

3.6　移动端平台的界面设计规范

iOS 和 Android 系统占据当今智能移动终端的主流市场，因此我们进行交互设计时，需要考虑二者不同的设计规范，以满足不同操作系统用户的使用需求。

3.6.1　Android 平台

Android 是一个开源的系统，国内外有很多的手机厂商，这就导致有非常多的 Android 手机品牌，如国内的小米、OPPO、vivo、魅族等。

1. 基本概念

每英寸点数（Dots Per Inch，DPI）：表示屏幕密度，是测量空间点密度的单位，最初应用于打印技术中，表示每英寸能打印上的墨滴数量。

后来 DPI 的概念也被应用到了计算机屏幕上，计算机屏幕一般采用 PPI（Pixels Per Inch）来表示一英寸屏幕上显示的像素点的数量。

屏幕密度计算公式如图 3-33 所示。

$$屏幕密度 = \frac{\sqrt{长度像素数^2 + 宽度像素数^2}}{屏幕对角线英寸数}$$

图 3-33 屏幕密度计算公式

屏幕分辨率为 1080px×1920px 设备的屏幕密度的计算方法如图 3-34 所示。

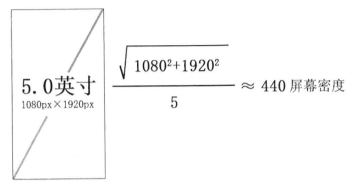

图 3-34 Android 屏幕密度的计算方法

2. 屏幕密度划分

Android 硬件设备尺寸多且不统一，这就给界面适配带来了很大的工作量。为了解决这个问题，Android 手机屏幕有自己初始的固定密度，界面根据这些屏幕不同的密度会自行适配，这涉及设计稿的尺寸和切图的相关内容，这点我们同时需要掌握，为后面的设计工作打下基础。以下是 Android 的密度划分以及代表的分辨率，如图 3-35 所示。

密度	LDPI	MDPI	HDPI	XHDPI	XXHDPI	XXXHDPI
密度数	120	160	240	320	480	640
分辨率	240px×320px	320px×480px	480px×800px	720px×1280px	1080px×1920px	3840px×2160px
倍数关系	0.75x	1x	1.5x	2x	3x	4x
px、dp 的关系	1dp=1px	1dp=1.5px	1dp=1.5px	1dp=2px	1dp=3px	1dp=4px
市场比	—	★	★★	★★★★	★★★★★	★

图 3-35 Android 密度划分

3. 界面设计尺寸及控件尺寸

（1）界面设计尺寸

根据目前市场占比大的主流设备尺寸，建议使用 1080px×1920px 来做 Android 设计稿尺寸，如图 3-36 所示。

以 1080px×1920px 作为设计稿标准尺寸的理由如下。

● 从中间尺寸向上和向下适配的时候界面调整的幅度最小，最方便适配。

● 大屏幕时代依然以小尺寸作为设计尺寸，会限制设计师的设计视角。

● 用主流尺寸来做设计稿尺寸，极大地提高了视觉还原和其他机型适配的能力。

（2）控件尺寸

我们以主流设备的尺寸来看，界面中各控件的尺寸设计如图 3-37 所示。

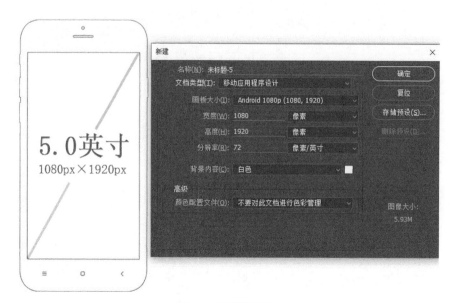

图 3-36　设计稿尺寸

分辨率	DPI	状态栏高度	导航栏高度	标签栏高度
720px×1280px	XHDPI	50px	96px	96px
1080px×1920px	XXHDPI	60px	144px	150px

图 3-37　界面中各控件的尺寸设计

4. 图标规范

对于分辨率众多的 Android 设备，为了方便界面适配，Google 公司按照 DPI 大小将它们分成了 4 种模式（MDPI、HDPI、XHDPI 和 XXHDPI），如图 3-38 所示。

屏幕密度	屏幕大小	启动图标	操作栏图标	上下文图标	系统通知图标	最细画笔
MDPI	320px×480px	48px×48px	32px×32px	16px×16px	24px×24px	不小于 2px
HDPI	480px×800px 480px×854px	72px×72px	78px×48px	24px×24px	36px×36px	不小于 3px
XHDPI	720px×1280px	96px×96px	64px×64px	32px×32px	48px×48px	不小于 4px
XXHDPI	1080px×1920px	144px×144px	96px×96px	48px×48px	72px×72px	不小于 6px

图 3-38　图标规范

5. 字体规范

在 Android 平台中使用的英文字体为 Roboto 字体，中文字体为思源黑体；在 Android 5.0 之后，使用的是思源黑体，如图 3-39 所示。字体文件有两个名称，即"Source Han Sans"和"Noto Sans CJK"。

Source Han Sans　思源黑体 ExtraLight
Source Han Sans　思源黑体 Light
Source Han Sans　思源黑体 Normal
Source Han Sans　思源黑体 Regular
Source Han Sans　思源黑体 Medium
Source Han Sans　思源黑体 Bold
Source Han Sans　思源黑体 Heavy

3.6.2　iOS 平台

iOS 平台在界面设计中制定了常用的一些尺寸规范和方法，如界面布局尺寸、间距、文字、图标、适配等，设计师在设计时要严格遵守，并融会贯通。

图 3-39　思源黑体字重展示

1. 基本概念

● 物理分辨率：屏幕的实际分辨率，例如 iPhone 6/7/8 的 750px×1334px、iPhone 6/7/8 plus 的 1242px×2208px。

● 逻辑分辨率：物理分辨率是硬件所支持的，逻辑分辨率是软件可以达到的像素，例如 iPhone 6/7/8 的 375pt×667pt、iPhone 6/7/8 plus 的 414pt×736pt 等，如图 3-40 所示。

机型	物理分辨率	屏幕尺寸	倍率	屏幕密度	逻辑分辨率
iPhone12/13/14	1170px×2532px	6.1 英寸	@3x	460PPI	390pt×844pt
iPhone12/13mini	1125px×2436px	5.4 英寸	@3x	476PPI	375pt×812pt
iPhone XS Max/11 Pro Max	1242px×2688px	6.5 英寸	@3x	458PPI	414pt×896pt
iPhone XR/11	828px×1792px	6.1 英寸	@2x	326PPI	414pt×896pt
iPhone X/XS	1125px×2436px	5.8 英寸	@3x	458PPI	375pt×812pt
iPhone 6Plus/6s Plus/7Plus/8 Plus	1242px×2208px	5.5 英寸	@3x	401PPI	414pt×736pt
iPhone 6/6s/7/8	750px×1334px	4.7 英寸	@2x	326PPI	375pt×667pt
iPhone SE	640px×1136px	4.0 英寸	@2x	326PPI	320pt×568pt
iPhone 4/4s	640px×960px	3.5 英寸	@2x	326PPI	320pt×480pt

图 3-40　物理分辨率与逻辑分辨率

● 单位 pt：iOS 开发单位，即 point，绝对长度，1pt=1/72 英寸，pt = px×72 / DPI。

在视网膜屏出现之前，苹果规定 1px=1pt，也就是说 pt 和像素点是一一对应的。但随着 iPhone 4 型号出现以后，高分屏也就是视网膜屏出现了，这个时候 1pt 对应 2px。所以用固定长度 pt 作为开发单位，这样做的优势是在同一种类不同型号设备上的图形大小可以得到统一。而如果用像素作为单位的话，就会出现混乱，因为在不同像素密度的屏幕里，像素本身大小是不一样的。

如果界面设计师提供的是 2 倍图，要先转成逻辑像素，即 px/2，然后算出的 pt 就是逻辑像素下的字号大小。

Photoshop 默认的分辨率是 72DPI，如图 3-41 所示。也就是说，通常界面设计师提供的设计图，如果字体大小单位是 px，2 倍图，则 iOS 中的字号 pt = px / 2。

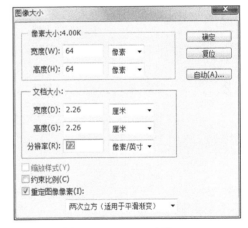

图 3-41　Photoshop 中的 DPI

需要注意的一点是，我们需要确认界面设计师提供的设计图的 DPI，再进行转换。

2. 栏高度

iOS 应用中的界面包括状态栏、标签栏、导航栏等，iOS 严格规定了各个栏的高度，我们需要严格遵守，如图 3-42 和图 3-43 所示。

3. 标准色规范

字体的颜色设置很少用纯黑色，一般用深灰色和浅灰色、粗体和细体来区分重要信息和次要信息，从而进行信息层级的划分。

图 3-42　界面布局

图 3-43　栏高度

标准色规范分为重要、一般、较弱，如图 3-44 所示。

● 重要：重要颜色一般不超过 3 种，红色需要小面积使用，用于特别需要强调和突出的文字、按钮和图标；而黑色用于重要级信息，如标题、正文等。

● 一般：都是相近的颜色，而且要比重要颜色弱，普遍用于普通级信息、引导词，如提示性文案。

● 较弱：普遍用于背景色和不需要突出的边角信息。

		色值	使用场景
重要		# ff5e5e	小面积使用，用于特别需要强调和突出的文字、按钮和图标 如导航栏、圈子名称、标题（选中）、注册按钮
		# 333333	用于重要级信息 如帖子正文、类目名称
一般		# 8e8e8e	用于普通级信息、引导词 如呢称、弹层文案、查看更多
		# bbbbbb	用于辅助、次要的信息、普通按钮描边 如时间、来自等补充信息
		# dedfe0	用于分割线
较弱		# F3F3F3	用于背景色
		# ADC0CD	用于地址信息

图 3-44　标准色规范

4. 文字规范

App 内的文字大小设置与所在界面、所在层级、所表达内容密切相关；App 中字号范围一般为 20px ～ 36px（@2x），所有的字号设置都必须为偶数，上下级内容字号的极差关系为 2px ～ 4px。

百度公司曾经做过一项调查，关于 App 字体大小的调查结果如图 3-45 所示。

		（80%用户可接受）	（50%用户认为偏小）	（用户认为最舒适）
iOS	长文本	26px	30px	32px 或 34px
	短文本	28px	30px	32px
	注释	24px	24px	28px

图 3-45　iOS 中 App 字号调查结果

（1）标准字规范

这里主要规范标准字的大小，标准字要注意与上面讲的标准色进行组合，从而突出 App 重要的信息和弱化次要的信息。

标准字规范分为重要、一般、弱，如图 3-46 所示。

- 重要：大字号普遍用于大标题、上导航标题，较小字号用在分隔模块的标题上。
- 一般：主要用于大多数文字，如正文。
- 弱：普遍与一般标准色组合，用于辅助性文字，如一些次要的文案说明。

	样式	字号	使用场景
重要	标准字	36px	用于少数重要标题 如导航、标题
	标准字	32px	用于一些较为重要的文字标题或操作按钮 如搜索页模块名称、首页名称、上导航文字按钮
一般	标准字	30px	用于大多数文字 如正文内容
	标准字	28px	用于大多数文字 如昵称、评论内容
弱	标准字	24px	用于辅助性文字 如次要的信息、文案说明
	标准字	20px	用于辅助性文字 如时间信息

图 3-46　标准字规范

不同界面区域中不同功能字体的大小如图 3-47 所示。

设备 / 大小	iPhone6/7/6s/8	iPhone6Plus/7Plus/6sPlus/8Plus
导航栏标题	34px	52px
常规按钮	32px-36px	48px-52px
内容区域	24px-28px	36px-42px
工具栏	20px	30px
辅助性文字	20px-24px	30px-36px

图 3-47　不同界面区域中不同功能字体的大小

（2）字体

在 iOS 中，中文方面默认使用苹方字体，如图 3-48 所示。该字体字形纤细、中宫饱满，利于阅读。iOS 还提供了 6 个字重供设计开发者使用，所以后面的设计趋势中，字重的使用开始变得多元化起来，使用 semibold 中粗体、大字号作为界面的标题变得更为流行起来。

图 3-48　苹方字体

而在英文方面，iOS 使用 San Francisco 字体。

5. 图标规范

在 Photoshop 中绘制 App 界面设计里的图标时应尽可能用形状来绘制，这样可以保证图标和按钮是矢量图，切图的时候的格式都是 PNG；同时图标和按钮的尺寸必须为偶数。

- 图标还应该根据不同的功能需求设计成不同的状态，如常态、选中态、点击态等，如图 3-49 所示。

图 3-49　图标常态及选中态

- 导航栏与工具栏图标的标准大小都是 24pt×24pt，最大不超过 28pt×28pt，如图 3-50 所示。

图标名称	Target size （标准大小）	Maximum size （最大尺寸）
导航栏图标	72px × 72px (24pt × 24pt @3x)	84px × 84px (28pt × 28pt @3x)
工具栏图标	48px × 48px (24pt × 24pt @2x)	56px × 56px (28pt × 28pt @2x)

图 3-50　导航栏与工具栏图标的尺寸

- 标签栏图标的尺寸如图 3-51 所示。

Attribute（属性）	Regular tab bars（常规标签栏）	Compact tab bars（紧凑标签栏）
Circular glyphs（圆形）	75px × 75px (25pt × 25pt @3x)	54px × 54px (18pt × 18pt @3x)
	50px × 50px (25pt × 25pt @2x)	36px × 36px (18pt × 18pt @2x)
Square glyphs（方形）	69px × 69px (23pt × 23pt @3x)	51px × 51px (17pt × 17pt @3x)
	46px × 46px (23pt × 23pt @2x)	34px × 34px (17pt × 17pt @2x)
Wide glyphs（宽形）	93px (31pt @3x)	69px (23pt @3x)
	62px (31pt @2x)	46px (23pt @2x)
Tall glyphs（长形）	84px (28pt @3x)	60px (20pt @3x)
	56px (28pt @2x)	40px (20pt @2x)

图 3-51　标签栏图标的尺寸

3.7　App 交互 UI 设计流程分析

在进行 UI 设计时，除了要考虑界面层次结构的构建、确定界面的构成及设计风格，还要考虑版式设计的布局。当界面设计完成后，为了便于和原型交互设计师进行衔接，同时为了原型交互设计师可以高度还原 UI 设计稿，还需要平面设计师对 UI 进行切图、标注以及元素的优化存储操作。

3.7.1　版式设计

版式设计也叫版面编辑，也就是在有限的版面空间里，将版面的构成要素，如文字、图片、控件等元素根据特定的内容进行组合排列，设计时要考虑内容布局、图片比例、对齐、对称、分组等。

微课视频

版式设计

1. 内容布局

内容的布局形式有很多种，我们介绍最常用的两种布局形式。

（1）列表式布局

列表式布局能够在较小的屏幕中显示多条信息，用户可以通过上下滑动来获得大量的信息，如图 3-52 所示。

（2）卡片式布局

卡片式布局中每张卡片的内容和形式都可以相互独立，互不干扰，所以可以在同一个界面中出现不同的卡片来承载不同的内容，如图 3-53 所示。

2. 图片比例

在 UI 设计中，图片的比例没有严格的规范，我们可以运用科学的手段设置图片的尺寸，以获得最优的方案。常见的图片比例有 16∶9、4∶3、2∶1 等，如图 3-54 和图 3-55 所示。

3. 对齐

对齐是贯穿版式设计的最基础、最重要的原则之一，它能建立起一种整齐划一的外观，给用户带来有序一致的浏览体验，如图 3-56 所示。

4. 对称

对称是设计中非常常见的一种形式，能给人平衡感和稳定感，同时能展现完整性、专业性和一致性，如图 3-57 所示。

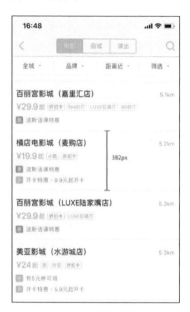

图 3-52　列表式布局

图 3-53　卡片式布局

图 3-54　比例 2：1

图 3-55　比例 16：9

图 3-56　对齐

图 3-57　对称

5. 分组

分组是将同类别的信息组合在一起，直观地呈现给用户，这样的设计能够减小用户的认知负担。在移动端界面的设计中最常见的分组方式就是卡片，如图 3-58 和图 3-59 所示。

图 3-58　分组 1

图 3-59　分组 2

3.7.2　切图的重要性

设计切图输出的目的是与前端的工程师团队协同工作。那么在团队协作过程中，首先应该保证切图输出能够满足工程师设计效果图的高保真还原需求。

其次，切图输出应该尽可能减少工程师的开发工作量，避免因切图输出错误而导致不必要的工作。

最后，输出的切图应当尽可能地压缩大小，以降低 App 或 Web 端网页的总大小，提升用户使用时的加载速度。切图输出应当做到切图精准，便于团队协同工作。

3.7.3　界面标注的注意事项

界面标注的作用是给开发工程师提供参考，因此在标注之前需要和原型开发工程师进行沟通，了解他们的工作方式，从而更快捷、高效地完成工作，并最大限度地还原平面设计稿。

标注注意事项如下。

- 合理划分，界面再复杂，信息也不要挤在一起，如图 3-60 所示。
- 标注之间也要注意对齐方式，干净整洁的标注能让开发人员一眼找到所需要的目标，如图 3-61 所示。
- 任何细节和要求都要写清楚，要做到有据可查。

需要标注的内容整理如下，如图 3-62 所示。

① 文字：字体、大小、字体颜色。

② 图标：大小、区域。

③ 列表：列表高度、颜色、列表内容的上下间距。

④ 布局控件属性：控件宽高、填充颜色、圆角大小。

⑤ 间距：控件之间的距离、左右边距。

⑥ 段落文字：字体大小、字体颜色、行距。

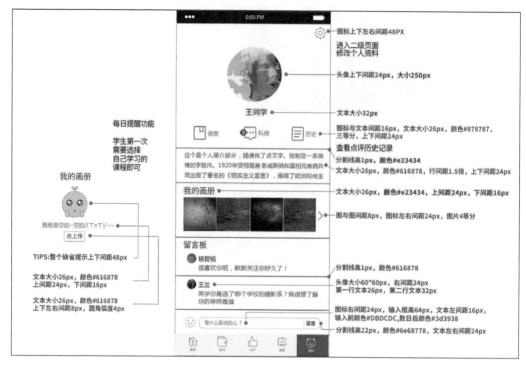

图 3-60　标注注意事项

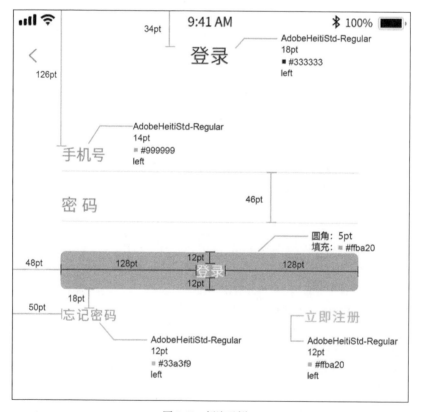

图 3-61　标注示例 1

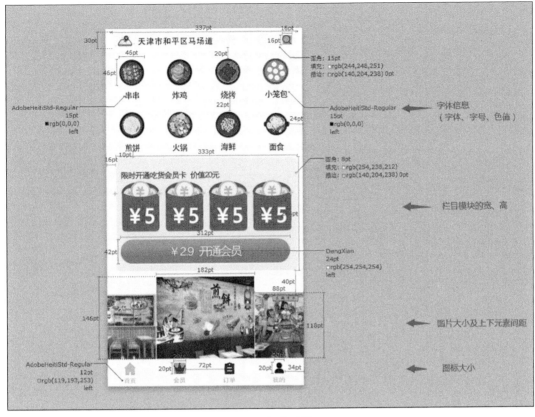

图 3-62　标注示例 2

3.7.4　动态元素的优化存储设置

在 App 交互设计中需要加入一些动画，那就需要掌握好技巧，才能够让做出来的动画元素贴合 App 的风格，看起来更美观。一般 App 交互动态元素设计需要掌握以下要点。

（1）告知用户正在运行

用户想知道在每一步中发生了什么，如果超过 3 秒没有反馈，用户在不确定性等待中极易关闭应用。

（2）告知用户进度

通常只是让用户知道程序正在运行是不够的，用户还要能够看到载入速度和加载时长，进度条的作用得以突显，如图 3-63 所示。

（3）不要提供多余、无效的内容

用户在观看动态图的时候，很容易被过多的内容分散注意力，尤其是设计师想要借助动态图来传达特定的引导时，多余的色彩和内容很容易弱化重点。

（4）在动态图中建立一致的视觉

在设计的时候使用品牌的配色来对动态图进行设计，将品牌的形象、Logo 和其他元素在 gif 图中呈现，可以让品牌、企业和产品以更加富有活力的方式呈现出来，而用户则能够将这些元素

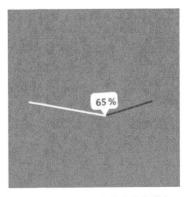

图 3-63　告知用户当前的载入进度

与品牌本身产生关联。

（5）颜色越少越好

颜色越少不仅可使最终文件越小，而且单位体积内可容纳的动画越多，这样既可以做出足够长的动画，又可以把文件控制在很小的范围，如图3-64所示。

（6）gif图要尽可能小

不同平台的图片规格不同，使用场景也不同，因此，gif图需要足够小才能兼容不同的需求。缩小gif图的方法：精简动画特效、减少颜色值、丢掉重复帧等。

（7）在上传动态图的时候，保持良好的可访问性

尽量兼顾到用户群体的需求，文字内容尽量放在动态图之外单独显示，并且避免频繁的闪烁效果，如图3-65所示。避免动态图自动播放，这样可以让用户感到可控，并且可以节省流量。

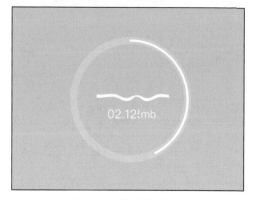

图 3-64　尽量少的颜色

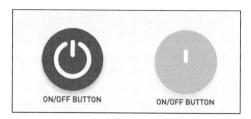

图 3-65　避免频繁的闪烁效果

3.8　项目实施——移动端"美食小吃"App 交互 UI 设计

下面从界面 UI 设计、如何进行界面适配使界面匹配不同设备，以及界面的切图和标注方面，对项目案例进行详细讲解。

3.8.1　设计"美食小吃"App 界面 UI

在设计"美食小吃"App 之前，我们需要思考界面如何设计才能留住用户。首先，方便快捷的操作界面是重要基础，如何能够让用户快速了解到自己需要的信息十分重要；其次，精致美观的界面设计必不可少，要最大程度地呈现食物的美味。

我们先来了解一下主流外卖 App 饿了么、美团外卖的首页，如图3-66所示。

在产品功能类似的情况下，用户体验能最大程度地影响用户的忠诚度。因为它们是主流的外卖 App 产品，在产品的易用性和基本用户体验上很值得我们学习。优秀的交互设计，不能只注重产品的易用性，在设计用户行为、帮助用户完成目标的同时，还应该给用户带来愉快、有意义的体验。

对于一款美食小吃类 App 产品，用户行为应该是这样的，浏览美食→确认下单→等待送达（催单、退单）→订单送达（评价），这为我们界面的构成提供了设计的基础。下面进行 App 的 UI 设计。

图 3-66　主流外卖 App 首页

1. 确定界面风格

在进行 App 界面设计时，首先要做的是确定界面的风格，通过颜色和布局的搭配给用户呈现整体的视觉感受。我们采用现在主流的扁平化设计风格，优点是可以兼容不同系统平台和不同分辨率、设计元素极简、突出图文信息等。

颜色上以红色、黄色、白色为主，这几种颜色具有动力、刺激、欢庆、幸福等氛围，可以给用户传递购买的欲望，如图 3-67 所示。

2. 使用设计规范

正确地使用设计规范可以统一我们的 App 界面风格，同时减少界面元素的重复设计，控制设计素材的大小。设计规范参考 Android、iOS 平台的设计规范。

3. 确定界面的构成

确定设计风格及设计规范后，设计师根据风格进行细化设计。根据外卖 App 的特点，我们设定美食小吃 App 由引导页、登录页、首页、会员页、订单页、个人中心页等内容构成，如图 3-68 所示。

图 3-67　界面风格

① 引导页：进行设计时主要突出美食主题，1 ～ 2 页即可。

② 登录页：摒弃邮箱注册，采用主流的手机号登录及第三方账号登录，这样可以简化登录流程。

③ 首页：设计几个标准信息区域，包括公共导航区（状态栏、导航栏）、标签栏、内容区域、主页指示器，同时根据平台设计规范设计各栏的高度。

④ 会员页：主要展示优惠、跨店红包领取、开通会员等信息，如图 3-69 所示。

图 3-68　界面构成

⑤ 订单页：展示配送、评价、取消订单等信息，如图 3-70 所示。

⑥ 我的页面：展示个人信息设置、常用功能分类、购物车、评价等信息，如图 3-71 所示。

| 图 3-69　会员页 | 图 3-70　订单页 | 图 3-71　个人中心页 |

4. 设计页面层次

我们通过视觉语言的基本元素——尺寸、颜色、字体、版式、布局来对"美食小吃"App 进行视觉层次的设计。

① 从按钮或交互的主题尺寸大小来进行设计，因为移动端 App 受屏幕大小的限制，如果按钮或可点击区域过小，则不易点击，且层次不突出，所以我们通过放大主体内容或按钮来突出层次关系。尺寸参考前面的 Android、iOS 平台设计规范。

② 设置字体的粗细和字重，可以使信息结构更清晰，如图 3-72 所示。为了突出店铺名称，我们增加了字重和字号。具有不同大小和权重的字体也会增加层次结构，使更重要的文字信息突出展示。

③ 布局上，页面侧重表现图片的冲击力，因此页面内容区域的比例比较大，外边距数值设置为

48px，通过留白来产生视觉层次关系，给予内容充足的空间，提升整齐度，如图3-73所示。

图3-72　设置字体的粗细及字重

图3-73　外边距设置

④ 版式设计上首页采用了卡片式布局，可以在同一页面展示不同内容，内容间相互独立；订单页采用列表式布局，便于在屏幕中展示多条订单信息，可通过上下滑动来进行查看，如图3-74和图3-75所示。

图3-74　卡片式布局

图3-75　列表式布局

通过以上流程，我们确定了界面的风格、遵循了相应平台的设计规范、确定了界面的构成，以及完成了页面视觉层次的构建和布局设计，基本完成了"美食小吃"App的设计工作。

3.8.2　界面适配

在浏览App的时候，我们会遇到在部分机型中图片变形、界面不协调、文案被裁剪等问题。这就需要我们进行界面适配操作，适配是为了使界面在不同手机设备上，保持相对统一的展示效果。

在适配界面前，我们先了解什么是 @2x、@3x，如图 3-76 所示。

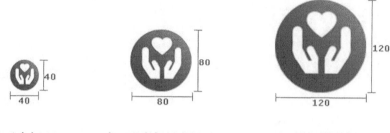

图 3-76　@2x、@3x

@2x、@3x 可以简单地理解为倍数关系，如果使用 750px×1334px（iPhone 6/7/8）尺寸做设计稿（其他尺寸可参见前面的介绍），那么切片输出就是 @2x，缩小 2 倍就是 @1x，扩大 1.5 倍就是 @3x，如图 3-77 所示。

机型	显示分辨率（单位：px）	转换率	逻辑分辨率（单位：pt）
iPhone SE	640×1136	@2x	320×568
iPhone 8	750×1334	@2x	375×667
iPhone 8 Plus	1242×2208	@3x	414×736
iPhone X	1125×2436	@3x	375×812

图 3-77　iPhone 倍数转换

iOS 现行主流设备的分辨率分别是 750px×1334px（@2x）（iPhone 6s/7/8）、1242px×2208px（@3x）（iPhone 6s/7/8 Plus 及以上机型）、1125px×2436px（@3x）/750px×1624px（@2x）（iPhone X）。在设计中，设计师需要设计一套基准设计图来达到适配多个分辨率的目的，我们可以选择中间尺寸 750px×1334px 作为基准，向下适配 640px×1136px，向上适配 1242px×2208px 和 750px×1624px/1125px×2436px，如图 3-78 所示。

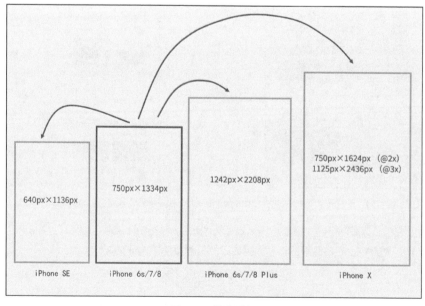

图 3-78　基准适配

3.8.3 实现美食 App 界面素材切片输出

当界面设计定稿之后，设计师需要对图标进行切片，将结果提供给原型交互设计师。把设计稿中有用的部分剪切下来作为网页或移动端制作时的素材，这个过程就是切图。

通常我们只需要对图标进行切图，文字、线条和一些标准的几何形状是不需要切图的。例如搜索框，只需要在标注中描述它的尺寸、圆角大小、背景色值、不透明度即可，开发工程师可以用代码实现这种效果，如图 3-79 和图 3-80 所示。

图 3-79　切图

图 3-80　标注

切图和标注是为了满足开发人员对效果图的高度还原。最早的切图、标注是设计师手动进行的，花费的时间成本比较大，而且对于开发人员来讲看到的通常是一个标满了尺寸的界面。为了迎合市场的需求，出现了各种切图和标注的软件、插件，想看元素的标注只需单击相应的元素就会自动出现，还会有相应的代码供开发人员参考，极大地节省了程序开发的时间成本，减少了很多不必要的沟通与重复切图、标注等工作。

当完成 App 界面设计后，设计师便可依据切图规范和命名规范对设计稿进行切图工作，在进行切图、标注的时候，设计师需要先确认开发的平台是 Android 还是 iOS。

1. 切图规范

① 切图资源尺寸为双数，这样保证切图资源在工程师开发时是高清显示。因为 1px 是智能手机能够识别的最小单位，换句话说就是 1px 不能在智能手机中被分为两份。所以如果是单数切图的话，手机系统就会自动拉伸切图元素，从而导致切图元素边缘模糊，造成开发出来的 App 界面效果与原设计效果相差甚远，如图 3-81 所示。

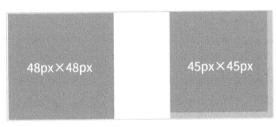

图 3-81　切图资源尺寸为双数

② 同一模块内，切图大小应保持一致，如图 3-82 所示。

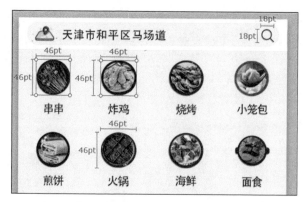

图 3-82　切图大小一致

③ 为了提升 App 使用速度，应尽量降低图片文件大小。在切图资源输出中，图片切图是很重要的部分，如新手引导页、启动页面、默认图、广告图等。图片切图一般情况下文件相对较大，不利于使用过程中的加载，因此图片切图要尽量压缩图片文件的大小。

④ 要把可点击的部件的相关状态都切图输出，如正常状态、点击状态、不可点击状态。

在切图过程中，不仅要输出正常状态的切图，更要注意不要遗漏其他状态的切图。设计师经常会出现这样的失误，如在按钮切图的过程中可能会忽略点击状态的切图。所以设计师在做设计图时，尽量把页面中会出现的各种状态展示出来，避免后期切图的时候遗漏。

⑤ 无须切图的元素

很多元素是不需要切图输出的，直接使用系统原生的设计元素即可。

设计师需要知道哪些元素需要切图，哪些元素使用系统自带的，避免不必要的切图。如文字、卡片背景、线条和一些标准的集合图形是不需要提供切图的。

例如搜索框，只需要在标注中标明尺寸大小、圆角大小、描边粗细、色值即可，开发工程师会根据设计效果通过代码来实现，如图 3-83 所示。

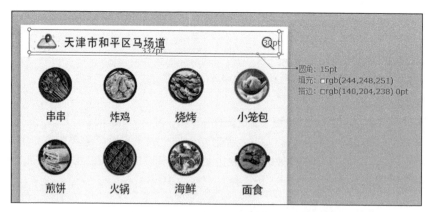

图 3-83　搜索框不需要切图

2. 切图命名规范

在工作中对图标的命名规范、有良好习惯是很重要的，便于平面设计师与原型开发人员进行交接，图片的名称中尽量不要有中文、特殊符号以及空格，使用下划线进行连接。

建议切图名称：页面（类别）_ 功能 _ 状态 .png。

举例：button_search_default@2x.png（对应中文：按钮_搜索_默认@2x.png）。

登录界面的命名如图 3-84 所示。常用切图命名图表见附录。

图 3-84　登录界面的命名

3. 使用 Cutterman 切图工具对"美食小吃"App 切图

使用 Cutterman，只需要单击"导出选中图层"按钮，选中的图标就会根据我们的需要自动输出为不同倍数的图片；同时需要设定图片的输出路径，如图 3-85 所示。

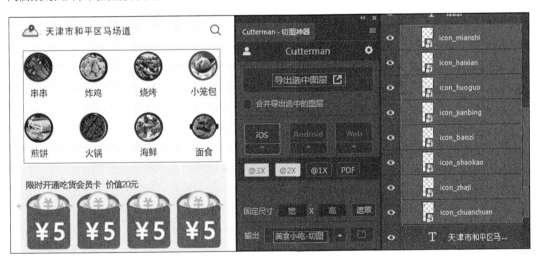

图 3-85　一键导出

（1）Cutterman 输出支持 iOS 平台

Cutterman 输出支持 iOS 平台的 @1x、@2x、@3x，如图 3-86 所示。

（2）Cutterman 输出支持 Android 平台

Cutterman 输出支持 Android 平台的多种主流分辨率大小图片，如 XXXHPDI、XXHPDI、XHDPI、

HDPI、MDPI 等，如图 3-87 所示。

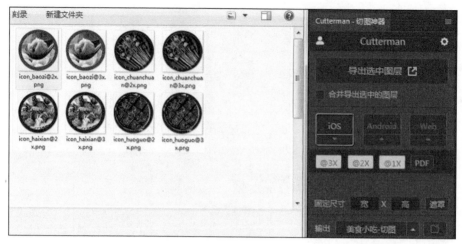

图 3-86　支持 iOS 平台

图 3-87　支持 Android 平台

4. Android 平台切图尺寸规范

Android 手机的尺寸非常多，且不统一，总的来说分为 LDPI、MDPI、HDPI、XHDPI、XXHDPI、XXXHDPI。

设计师一般以 720px×1280px 做设计图，如图 3-88 所示。

密度	LDPI	MDPI	HDPI	XHDPI	XXHDPI	XXXHDPI
密度值	120	160	240	320	480	640
分辨率	240px×320px	320px×480px	480px×800px	720px×1280px	1080px×1920px	2160px×3840px

图 3-88　Android 平台对应的屏幕密度

在 Android 中，以 320px×480px 分辨率为基准屏幕，即密度值为 160 时，1dp = 1px。

所以 Android 的切图需要 3 个尺寸：HDPI、XHDPI、XXHDPI，如图 3-89 所示。

dp 和 px 的换算公式：dp×PPI/160 = px；px/（PPI/160）= dp。

Android 设计时使用 sp 作为字体单位，如在 PPI=160、字体大小为 100% 时，1sp=1px。

sp 和 px 的换算公式：sp×PPI/160 = px，sp = px/（PPI/160），对应的单位换算如图 3-90 所示。

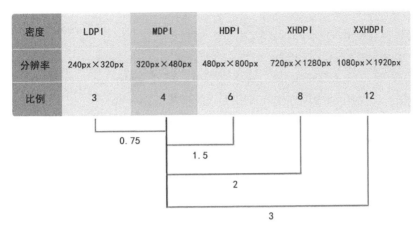

图 3-89　Android 平台需要切图的套数

默认的界面规格	480px×800px，PPI=240	720px×1280px，PPI=320	1080px×1920px，PPI=480
文本大小 微小	18px=12sp	24px=12sp	36px=12sp
文本大小 小号	21px=14sp	28px=14sp	42px=14sp
		32px=16sp	48px=16sp
文本大小 中号	27px=18sp	36px=18sp	54px=18sp
		40px=20sp	60px=20sp
文本大小 大号	33px=22sp	44px=22sp	66px=22sp

图 3-90　Android 平台不同密度对应的文字单位换算

5. iOS 平台切图尺寸规范

设计师在作图时一般以 iPhone 6（750px×1334px）为标准进行界面设计，让开发进行适配。原因是向上和向下适配的时候界面调整的幅度最小，最方便适配，图 3-91 所示提供了 iOS 平台手机的主要型号对应的切图倍数。

设备	分辨率	PPI	状态栏高度	导航栏高度	标签栏高度	Asset
iPhone12/13/14	1170px×2532px	460PPI	132px	132px	147px	@3x
iPhone12/13mini	1125px×2436px	476PPI	132px	132px	147px	@3x
iPhone XS Max/11 Pro Max	1242px×2688px	458PPI	132px	132px	147px	@3x
iPhone XR/11	828px×1792px	326PPI	88px	88px	98px	@2x
iPhone X/XS	1125px×2436px	458PPI	132px	132px	147px	@3x
iPhone 6Plus/6s Plus/7Plus/8 Plus	1242px×2208px	401PPI	60px	132px	146px	@3x
iPhone 6/6s/7	750px×1334px	326PPI	40px	88px	98px	@2x
iPhone 5/SC/5s	640px×1136px	326PPI	40px	88px	98px	@2x
iPhone 4/4s	640px×960px	326PPI	40px	88px	98px	@2x

图 3-91　iOS 平台手机型号对应切图倍数

3.8.4　使用 Pxcook 标注"美食小吃"App 界面

当界面设计定稿之后，设计师需要对界面进行标注，以供开发工程师在还原界面时作为参考。在一份设计稿中需要标注的内容是文字的字号大小、粗细、颜色、不透明度、色值，界面的背景颜色、不透明度，以及各个图标、列表、文字之间的间距，如图 3-92 所示。

借助一些专业的标注工具有利于我们提高工作效率，常用的标注工具有 MarkMan、Assistor PS 和 Pxcook，本项目主要讲使用 Pxcook进行标注的方法。

Pxcook 也叫像素大厨，是一款切图标注设计工具软件，支持 PSD文件的文字、颜色、距离自动智能识别等。它是基于 Adobe AIR 的跨平台桌面应用程序，优点是将标注、切图这两项集成在一个软件内完成，支持 Windows 和 MacOS 双平台，操作界面如图 3-93 所示。

Pxcook 是一款连接设计师与开发者的协作工具。当软件安装完成后，双击运行，进入项目列表界面，如图 3-94 所示。

给项目命名，如图 3-95 所示，平台选择"iOS"，单击"创建项目"按钮后，就可以将需要标注的 PSD 设计稿导入软件中，如图 3-96 所示。

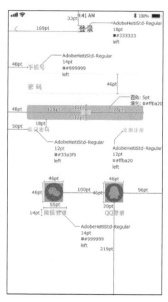

图 3-92　界面的标注

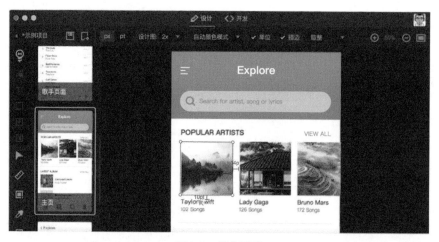

图 3-93　操作界面

图 3-94　项目列表界面

图 3-95　创建项目

图 3-96　导入设计稿

导入设计稿后，进入操作界面，如图 3-97 所示，软件的标注分为"设计"和"开发"模式。

图 3-97　操作界面

其中，单位类型的设置会直接作用于"设计"和"开发"两个模式。不同的项目设备类型对应不同的单位类型，具体如下。

- iOS 类型：支持 px 和 pt 两种单位切换，以及 @1x、@2x、@3x 之间的分辨率切换。
- Android 类型：支持 px 和 dp/sp 两种单位切换，以及 ldpi、mdpi、hdpi、xhdpi、xxhpdi 和 xxxhpdi 之间的分辨率切换。
- Web 类型：支持 px、rem、vw/vh 和 rpx 这 4 种单位切换，以及 1x 和 2x 之间的分辨率切换，如图 3-98 所示。

图 3-98　不同设备对应的单位类型

其中设计模式主要是设计师进行智能标注和手动标注时用，建议只标注出原型交互设计师需要特别注意的部分即可。这样可以大大减少原型交互设计师的工作量，同时也不会影响设计图的整体性，便于观看。

下面我们分别使用智能标注和手动标注的方法对设计稿进行标注。

1. 智能标注

智能标注是软件对设计稿的图层和元素进行了提示，我们可以更加精准地标注图层的尺寸、图层与图层的间距，以及图层的样式等。智能标注需要设计稿是 PSD、SKETCH 或 XD 格式，且具有图层数据。如果设计稿中仅包含一个位图图层，那么是无法使用智能标注的。

（1）尺寸标注

快捷键为数字键"1"。可以选中设计稿中需要标注的元素，并单击智能标注中对应的工具生成尺寸标注，如图 3-99 所示。

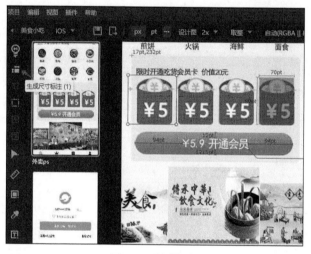

图 3-99　尺寸标注

（2）文本样式标注

快捷键为数字键"2"。选中设计稿中的文字元素，并单击智能标注中对应的工具生成文本样式标注，如图 3-100 所示。

图 3-100　文本样式标注

选择已创建的文本样式标注，顶栏会显示属性设置；在其中，可以修改标注的颜色，以及对应的信息显示与否，同时也可以加入自定义的备注。

（3）区域标注

快捷键为数字键"3"。选中设计稿中的图片元素，并单击智能标注中对应的工具来生成区域标注，如图 3-101 所示。

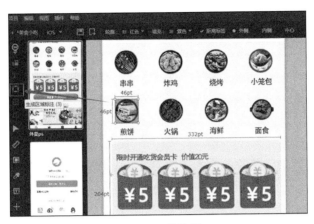

图 3-101　区域标注

（4）内间距标注

快捷键为数字键"4"。按 Ctrl/CMD 键的同时选中设计稿中两个嵌套的元素，并单击智能标注中对应的工具生成内间距标注，如图 3-102 所示。

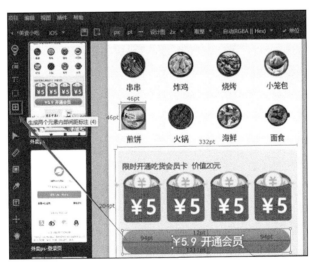

图 3-102　内间距标注

（5）样式标注

快捷键为数字键"5"。选中设计稿中的矢量元素，并单击智能标注中对应的工具生成样式标注，如图 3-103 所示。选择已创建的样式标注，顶栏会显示属性设置；在其中，可以修改标注的颜色，以及对应的信息显示与否，同时也可以加入自定义的备注。

2. 手动标注

对于没有图层信息的位图设计稿，可以使用手动标注工具对其进行标注。

（1）选择工具

快捷键为"V"。此工具可以选择我们已经创建的标注信息，选择标注之后可以通过软件的顶栏修改标注的属性，如图 3-104 所示。

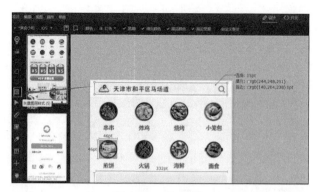

图 3-103　样式标注

图 3-104　选择工具

（2）距离标注

快捷键为"R"。创建一个距离标注，顶栏会显示图 3-105 所示的属性设置，可以修改距离标注的颜色，以及距离文本所在的位置。

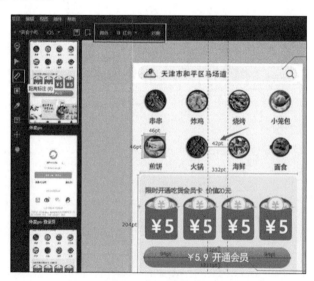

图 3-105　距离标注

（3）区域标注

快捷键为"M"。创建一个区域标注，顶栏会显示图 3-106 所示的属性设置，可以修改区域标注的颜色、是否显示距离标签，以及距离标签的位置。

图 3-106　区域标注

（4）颜色标注

快捷键为"C"。创建一个颜色标注，顶栏会显示图 3-107 所示的属性设置，可以修改标注的颜色。

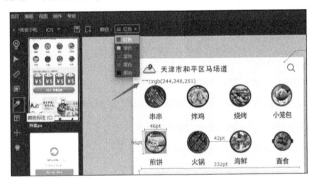

图 3-107　颜色标注

（5）文字标注

快捷键为"T"。使用该工具可创建一个可输入文本的文字标注，如图 3-108 所示。

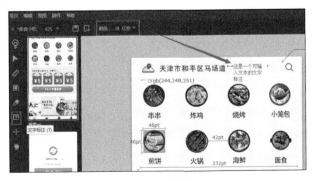

图 3-108　文字标注

（6）坐标点标注

快捷键为"P"。使用该工具可创建一个坐标点标注，标记元素的行、列起始坐标点，如图 3-109 所示。

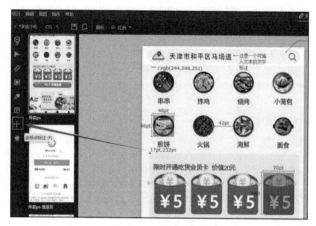

图 3-109　坐标点标注

设计稿标注完成后，将文件导出为带有标注信息的".png"格式的图片，或者保存为".pxcp"格式的标注文件，如图 3-110 所示。

图 3-110　导出标注文件

3.8.5 "美食小吃"App 动态加载画面优化

App 交互设计中，很多设计师都会采用动态效果来吸引用户的注意。相对于静态的界面，动态效果能更生动地传达信息，同时也更能感染用户，吸引眼球。但是动态效果相对于静态效果来说，在设计中需要注意很多问题，因为如果一不小心动态设计过度，不仅会影响页面加载的进程，更会影响用户的体验。

一般 App 动态元素的设计可以从以下几个方面进行优化。

（1）调整图像大小

打开 Photoshop，选择菜单栏中的"图像→图像大小"，快捷键是 Ctrl+Alt+I，即可打开"图像大小"对话框，输入我们需要的大小即可，如图 3-111 所示。

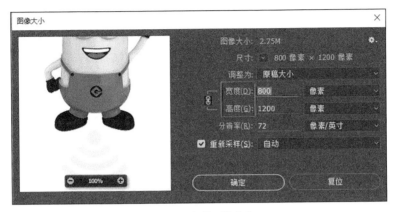

微课视频

App 动态元素的
几种优化设置

图 3-111　调整图像大小

（2）减少帧

删掉重复帧，只留关键帧，通过增加关键帧的延迟时间，保持动画的节奏，因为每一帧都占用着 GIF 动图的大小，所以帧越少文件也就越小，如图 3-112 所示。

图 3-112　减少帧数

（3）减少颜色数

选择"文件→导出→存储为 Web 所用格式"，打开"存储为 Web 所用格式"对话框，如图 3-113 所示，单击下拉列表框，有多个位数可选择。对于颜色不是太鲜艳的 GIF 动图来说，可以先尝试选择 64 种颜色来查看效果，这将有效减小文件大小；除了预设的几个数值外，还可以手动输入自己想要的颜色数，如图 3-114 所示。

（4）调整色彩损耗值

可通过调整色彩损耗值来缩小 GIF 文件的大小，调整损耗值前后该 GIF 文件大小的对比如图 3-115 所示。

图 3-113　打开"存储为 Web 所用格式"对话框

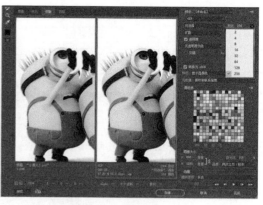

图 3-114　减少颜色数

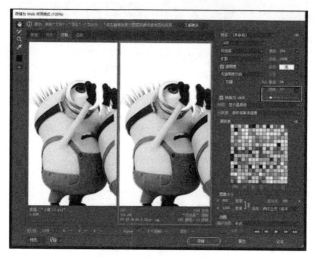

图 3-115　调整色彩损耗值

（5）优化文件大小和保存预设

单击"存储为 Web 所用格式"对话框右上角的上下文菜单，然后选择"优化文件大小"命令，在弹出的对话框中输入我们的文件大小需求即可，如图 3-116 所示。

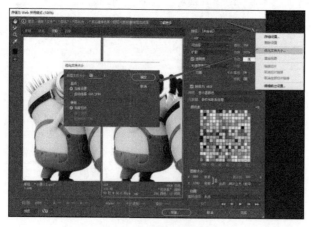

图 3-116　优化文件大小

设置好后，单击"预览"按钮查看最终 GIF 效果，也可以将设置保存为预设。

3.9 项目小结

本项目讲解了当界面设计定稿之后，使用切图软件根据 Android 和 iOS 平台的规范进行切图以及命名。设计师需要对界面进行标注，以供原型交互开发工程师在还原界面时进行参考，可使用 Pxcook 软件来提高标注的效率。另外，本项目还讲解了几种优化静态图片和 GIF 动图的方法，避免由于图片过大或平台的限制影响界面加载的进程，同时增强用户的体验。设计师在设计时并不一定要拘泥于某种软件或方法，但应对这些规范有所了解，并融会贯通，为原型交互设计制作提供理论基础。

3.10 素养拓展小课堂

在 App 交互 UI 设计过程中，我们要严格遵守设计规范，使设计出的界面更符合用户的操作习惯并提高用户的交互体验。设计过程中要体现专注的精神内涵，内心笃定而着眼于细节，耐心、执着、坚持，是一切"工匠"所必须具备的精神特质。从中外实践经验来看，工匠精神都意味着一种执着、坚持与韧性。"术业有专攻"，一旦选定行业，就一门心思扎根下去，心无旁骛，在一个细分产品上不断积累优势，在各自领域成为"领头羊"。

3.11 巩固与拓展

本项目讲解了 App 界面视觉层次结构的构建及引导和反馈模式等相关理论，并结合实例进行了场景应用分析，想必你对如何构建视觉层次结构有了一定的了解和掌握。反馈模式对 App 交互设计的用户体验有着很重要的作用，请你思考一下当反馈信息可以同步获取时，使用哪种反馈模式更合理。

在浏览 App 产品的时候，你可以用专业的角度去分析，哪些设置会吸引用户，好在哪里，通过不断地分析和积累来提升自己在视觉层次结构设计这方面的认知，这样也有助于对知识点的深入理解。

3.12　习题

一、填空题

1.强调反馈信息的重要性，一般带有可操作的选项的是_____。

2.Android 的虚拟尺寸单位中，用于元素的单位是_____，用于字体的单位是_____。

二、单选题

1.切图命名规范中，描述错误的是（　　　）。

A.可以使用无意义字符

B.尽量使用语义相近的英文或英文简写命名

C.较长的单词可以取单词的头部几个字母形成缩写

D.如需使用符号，使用 _ 做连接

2.切图插件 Cutterman 可以输出多个平台使用的图片尺寸和格式，但不包括（　　　）。

A.Web　　　　　　　B.iOS　　　　　　　C.Html5　　　　　　　D.Ardroid

三、多选题

1.Photoshop 中优化动态元素的方法包括（　　　）。

A.减小图像大小　　　B.减少帧数　　　　　C.减少颜色数　　　　D.调整色彩损耗值

2.切图的目的有（　　　）。

A.保证清晰度　　　　B.提高组件的复用性　C.让网页浏览更快　　D.减小文件容量

3.层次结构，主要通过视觉语言的基本元素来构成，包括（　　　）。

A.尺寸　　　　　　　B.颜色　　　　　　　C.字体　　　　　　　D.布局

四、操作题

根据设计的 App 界面，要求依据切图及标注规范进行页面和图标的切图和标注，供后续原型交互设计阶段使用；涉及软件工具：Photoshop、Cutterman、Pxcook。

Web 端"电商平台"产品交互设计开发

本项目主要通过 Web 端"电商平台"产品交互设计开发,讲解 Web 端"电商平台"产品开发流程以及原型设计工具 Axure RP 9 的使用方法。通过本项目的学习,读者可以使用 Axure RP 9 进行原型交互设计,并为以后的原型设计工作打下基础。

学习目标

知识目标
● 了解低保真呈现在 Web 交互设计中的意义与作用;掌握网页低保真设计中的界面元素特征与分布特点。

能力目标
● 具有 Web 元素设计与交互界面设计之间协同与联系的能力;具有独立完成 Web 端交互设计产品的能力。

素质目标
● 具有网络素材案例归纳整理的自觉意识;崇德向善、诚实守信,履行道德准则和行为规范。

4.1 Web 端"电商平台"产品交互设计开发项目背景分析

Web 端"电商平台"产品交互设计开发项目背景分析重点从市场发展以及国家产业规划方面来进行。

1. 电商平台项目市场发展迅速

随着互联网的发展,电商平台项目所属行业在最近几年发展迅速。行业在繁荣国内市场、扩大出口创汇、吸纳社会就业、促进经济增长等方面发挥的作用越来越明显。

2. 国家产业规划或地方产业规划

我国非常重视电子商务系统领域的发展,最近几年有关该领域的政策力度明显加强,突出表现在如下几个方面。

① 稳定国内市场。

② 提高自主创新能力。

③ 加快实施技术改造。

④ 淘汰落后产能。

⑤ 优化区域布局。

⑥ 完善服务体系。

⑦ 加快自主品牌建设。

⑧ 提升企业竞争实力。

4.2 Web端"电商平台"产品交互设计开发项目需求分析

Web 端"电商平台"产品交互设计开发项目主要从目标顾客、功能规划、业务流程等方面进行需求分析。

1. 目标顾客

该产品适用于各种对数码电子产品感兴趣且有需求的人士，包括学生、上班族等。

2. 提供的功能与服务

用户可以直接在网站上对比各种产品之间的功能、结构、性能，十分方便快捷地进行商品之间的比较，很快地选出自己感兴趣的商品，节省了大量的时间。

3. 运行环境

Windows 操作系统。

4. 功能规划

（1）网站前台部分功能模块介绍

① 用户管理：注册新用户、登录、修改用户个人资料。

② 商品浏览：在商品的介绍页面，可以收藏商品或者将商品加入购物车。

③ 购物车：添加产品到购物车、购物车信息修改、下单。

④ 订单模块：查询个人订单列表、查询某笔订单的详细信息。

⑤ 个人账户：订单查询，对收藏夹、地址的管理。

（2）后台功能模块介绍

① 管理员身份验证：为合法用户提供一个后台入口。

② 订单管理模块：网站管理者对用户订单进行管理。

③ 商品管理模块：增加商品的品牌或商品的种类，向商品表中插入前台首页展示的商品信息。

④ 会员管理模块：查询所有注册用户，对一些非法或失信用户进行删除操作。

⑤ 系统管理模块：管理员向前台首页添加友情链接信息。

5. 业务流程

业务流程如图 4-1 所示。

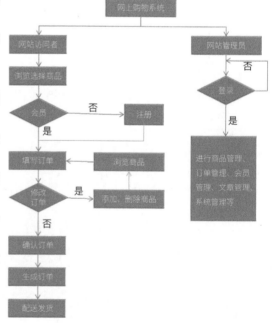

图 4-1　业务流程

4.3 Axure RP 9 介绍

Axure RP 9 是一款备受瞩目的产品原型设计软件，它可以让设计师在操作界面上任意构建草图、框线图、流程图以及产品模型，还能够注释一些重要的地方。这款交互式原型设计工具可以帮助设计者高效制作出高水准的产品原型图，快速创建应用程序和网站的线框，被广泛应用于各行各业。本节重点学习 Axure RP 9 基础功能的使用方法。

4.3.1 Axure RP 9 的工作界面

在熟悉 Axure RP 9 的基础操作之前，先要弄清 Axure RP 9 工作界面中每个板块的功能划分，这样比较方便我们操作时更快地找到对应的功能选项，所以本小节主要熟悉此软件的工作界面，如图 4-2 所示。

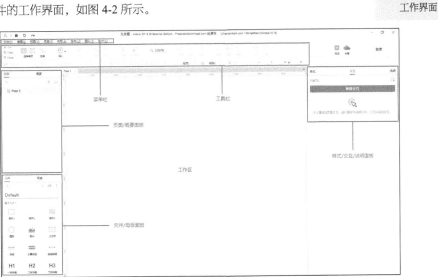

图 4-2　Axure RP 9 的工作界面

1. 菜单栏

Axure RP 9 的每个菜单包含同类的操作命令，我们可以根据要执行的操作类型在对应的菜单中选择操作命令。

2. 工具栏

Axure RP 9 的工具栏由上半部分的工具按钮和下半部分的样式按钮组成，如图 4-3 所示。

图 4-3　工具栏

3. "页面"和"概要"面板

"页面"面板主要用于显示当前 Axure 文件的所有页面，同时管理 Axure 文件页面；"概要"面板显示当前操作页面的所有元件，可以控制某个、某些或全部元件是否在"概要"面板中展示，"页面"面板和"概要"面板如图 4-4 和图 4-5 所示。

4. "元件"和"母版"面板

"元件"面板自带 Default 元件、Flow 元件、Icons 元件，通过"元件"面板可管理外部元件库，如图 4-6 所示。

图4-4 "页面"面板

图4-5 "概要"面板

Axure RP 9中的母版可以简单理解为公共元件模板，将母版应用到相应页面中后，母版内容或样式发生变化，那么引用母版的页面内容或样式同样会跟着变化，常用于制作页面头部或底部内容，如图4-7所示。

> 注意：选中"元件"面板中的元件，将其拖动到工作区中即可使用；另外，可将自己做好的组合元件保存在元件库中，再次使用时直接将其拖动到工作区即可。

图4-6 "元件"面板

图4-7 "母版"面板

5. "样式""交互""说明"面板

"样式"面板：包含元件样式、页面样式，如图4-8所示。

① 元件样式：名称、位置、尺寸、是否显示、颜色、字体、字号、边框、对齐、填充、透明度、阴影等样式，不同元件的样式稍有差别。

② 页面样式：页面尺寸、页面排列、页面背景填充。

"交互"面板：包含页面交互、元件交互，其中元件交互又分为样式交互、事件交互，如图4-9所示。

① 页面交互：页面载入时、窗口尺寸改变时、窗口滚动时、页面单击时、页面鼠标操作时等交互。

② 样式交互：鼠标悬停、鼠标按下、选中、禁用、获取焦点时等交互。

③ 事件交互：单击、双击、鼠标按下、鼠标移入、鼠标移出、移动时、旋转时、尺寸改变时、焦点获取时、内容改变时等交互，不同元件的事件交互稍有差别。

"说明"面板：主要用于管理元件的注释，目前仅支持文本注释，可对注释内容进行文本编辑，如图4-10所示。

6. 工作区

工作区也就是操作区域，所有的元件操作应用都基于工作区进行，如图4-11所示。

可通过"样式"面板的页面尺寸设置工作区大小。

也可通过基本工具栏中的缩放工具放大、缩小工作区。

当页面过多时，可以通过单击工作区右上角的"选择与管理标签"按钮，在弹出的菜单中选择命令，执行相应的操作。

图 4-8　"样式"面板　　　图 4-9　"交互"面板　　　图 4-10　"说明"面板　　　图 4-11　工作区

4.3.2　Axure RP 9 的元件库

元件是原型产品中最基础的组成部分，使用元件可以制作出丰富的产品原型效果。

在 Axure RP 9 中，用于绘制原型设计的用户界面元素被称为"元件"，元件被放在"元件库"面板中。

1. Default 元件

Default 元件分为 4 个类型，如图 4-12 所示，这些元件可以满足原型设计中的一些基本需求，图 4-13 所示为基本元件。

图 4-12　Default 元件

图 4-13　基本元件展示

2. Flow 元件

Flow 元件即"流程图元件"，Axure RP 9 为用户提供了专用的 Flow 元件，如图 4-14 所示。使用 Flow 元件可以更好地设计制作流程图页面，如图 4-15 所示。

图 4-14　Flow 元件

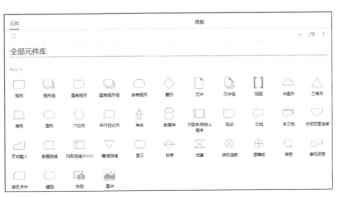

图 4-15　Flow 元件展示

3. Icons 元件

Icons 元件即"图标元件"。Axure RP 9 为用户提供了专用的 Icons 元件，如图 4-16 所示。使用 Icons 元件可以更好地制作页面原型，如图 4-17 所示。

图 4-16　Icons 元件

图 4-17　Icons 元件展示

4.3.3　Axure RP 9 中的交互功能

在 Axure RP 9 中，可通过添加元件来展示原型设计的静态页面，而实现动态效果则需要使用 Axure RP 9 中的交互功能。

交互定义了一个元件或者页面的动态行为。在 Axure RP 9 的右侧"交互"面板中创建和管理交互。可以在面板底部设置交互，也可以单击"新建交互"按钮来创建交互。

微课视频

Axure RP 9 中的
交互功能

💡 注意：当窗口空间不够大时，可采用以下方法来打开"交互编辑器"对话框，如图 4-18 所示。

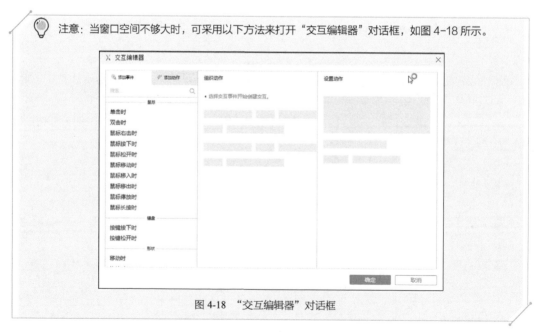

图 4-18　"交互编辑器"对话框

① 单击"交互"面板中的窗口图标，如图 4-19 所示。

② 双击某一个事件即可打开"交互编辑器"对话框，如图 4-20 所示。

Axure RP 9 原型交互设计中实现交互行为需要以下三部分。

① 元件或页面的事件。

② 在此事件上的情形。

③ 针对该情形的动作。

图 4-19　打开"交互编辑器"对话框 1　　　　图 4-20　打开"交互编辑器"对话框 2

事件是通过不同的情形和动作来对外界输入做出的一种反映。所以，事件包含一个或多个情形，而情形中又可包含多个动作，不同的情形通过判断各自的条件决定将要做什么，也就是说，不同的情形是不会同时发生的，就类似编程所写的"if()"语句。

if（条件 1）

｛执行 case1 中 actions ；｝

if（条件 2）

｛执行 case2 中 actions ；｝

……

用集合的概念来描述上面三者的关系：事件 > 情形 > 动作。因此事件可以理解为函数 if()，情形可以理解为条件 1、条件 2、条件 3，而动作则可理解为 actions。

1. 事件

查看一个元件或页面的事件：单击元件或页面，在右侧"交互"面板中可查看选中的元件或页面，如图 4-21 和图 4-22 所示。

事件的删除：选中某一个事件后，按 Delete 键。

2. 情形

一个事件可以有多个情形，当鼠标指针悬停在事件上时，可以看到其右侧的"添加情形"按钮，如图 4-23 所示。可以设置触发条件来设置情形的启动，如图 4-24 所示。

情形的删除：选中某一个情形后，按 Delete 键。

 注意：可用鼠标来调整情形的顺序，特别是使用条件逻辑时，情形的顺序是非常重要的。

图 4-21　元件的交互事件

图 4-22　页面的交互事件

图 4-23　添加情形

图 4-24　为情形添加条件逻辑

3. 动作

动作是在某一情形下的操作。

动作的添加：单击情形下方的"+"按钮（此时，显示为添加动作），如图 4-25 所示。

可用鼠标来调整动作的顺序，如图 4-26 所示。

图 4-25　添加动作

图 4-26　调整动作顺序

4.3.4 Axure RP 9 交互使用说明

1. Axure RP 9 不同对象的事件分类

页面和母版的事件如表 4-1 所示。其余元件适用的事件见附录。

表 4-1　页面和母版的事件

页面和母版事件名称	事件描述
页面单击时	单击页面背景时
页面双击时	双击页面背景时
页面鼠标右击时	使用鼠标右键单击页面的背景
页面鼠标移动时	当鼠标指针在页面上移动时连续触发
页面按键按下时	按下键盘键时
页面按钮松开时	释放键盘键时
窗口尺寸改变时	调整浏览器窗口大小时
页面载入时	Web 浏览器加载页面时
自适应视图改变时	当前自适应视图由于浏览器窗口大小调整而改变，或者通过设置自适应视图操作或原型播放器中的自适应视图下拉列表来设置视图时
窗口向上滚动时	当浏览器窗口向上滚动时
窗口向下滚动时	当浏览器窗口向下滚动时
窗口滚动时	当浏览器窗口向任何方向滚动时

2. 元件的动作集

链接如表 4-2 所示。其余动作集列表见附录。

表 4-2　链接

链接动作	动作描述	
打开链接	可在以下位置打开 URL 或原型内部页面	
	① 当前窗口	当前的浏览器窗口
	② 新窗口 / 选项卡	链接网页会在当前浏览新建一个页面打开，原窗口页面不变
	③ 弹出窗口	链接网页会再开启一次浏览器，以活动窗口的形势展示，原窗口页面不变
	④ 父窗口	链接网页会在当前页面的上级页面打开，如果当前页面没有上级页面则无法打开（仅限在弹出窗口加载的页面中使用）
	⑤ 关闭窗口	关闭当前浏览器窗口或选项卡
在框架中打开链接	更改内嵌框架窗口小部件或包含嵌入框架的页面中加载的页面	
	内联框架	在页面中嵌入另外一个页面，比如链接到某个网址
	父框架	包含内联框架的页面（仅限在内联框架加载的页面中使用）
滚动到元件（锚链接）	将浏览器窗口滚动到页面上窗口小部件的位置，滚动到元件，相当于一个锚点的位置，比如在浏览网页时的返回顶部	

4.3.5 变量说明

变量是储存文本和数值的容器。变量的值可在其他元件中显示为文本，也可以在条件逻辑中使用。

- 变量的本质：数值的获取和使用。
- 变量分两大类，系统函数和自定义变量，而自定义变量又包括全局变量和局部变量。

1. 系统函数

系统函数是系统已经创建好的函数变量，用于直接获取对象的特定属性值，可划分为以下 10 类：中继器 / 数据集函数、元件函数、页面函数、窗口函数、鼠标指针函数、数字函数、字符串函数、数学函数、日期函数和布尔函数，如图 4-27 所示。

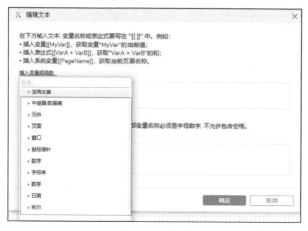

图 4-27　系统函数

元件函数主要服务于 Axure RP 9 中的元件，使用这些函数完成的交互事件一般是一些基础的交互效果，表 4-3 所示为元件函数的名称和用途。其余函数列表见附录。

表 4-3　元件函数的名称和用途

函数名称	函数用途
this	获取当前元件对象，当前元件指添加事件的元件
target	获取目标元件对象，目标元件指添加动作的元件
x	获取元件对象的 x 轴坐标值
y	获取元件对象的 y 轴坐标值
width	获取元件对象的宽度值
height	获取元件对象的高度值
scrollX	获取元件对象水平移动的距离
scrollY	获取元件对象垂直移动的距离
text	获取元件对象的文字
name	获取元件对象的名称
top	获取元件对象顶部边界的坐标值
left	获取元件对象左边界的坐标值
right	获取元件对象右边界的坐标值
bottom	获取元件对象底部边界的坐标值
opacity	获取元件对象的不透明度
rotation	获取元件对象的旋转角度

2. 自定义变量

（1）全局变量

全局变量主要用于不同页面之间值的传递。

在菜单栏中，选择"项目→全局变量"，在弹出的"全局变量"对话框中，单击"添加"按钮，可以设置全局变量的名称及默认值（通常情况下默认值为空），如图4-28所示。之后在页面或元件的交互中动态地设置全局变量的值。

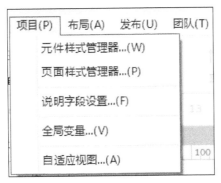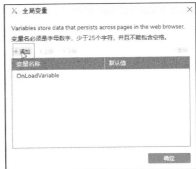

图 4-28　创建全局变量

（2）局部变量

局部变量主要用于指定页面内某个特定对象，往往和系统函数配合使用。

使用局部变量，需要单击"fx"按钮，打开"编辑文本"对话框，先设置局部变量，如图4-29所示。然后在"编辑文本"对话框中，选择"插入变量或函数"选项，打开下拉列表，进行局部变量的选择，如图4-30所示。

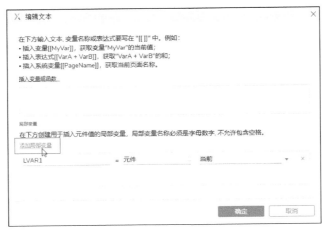

图 4-29　"编辑文本"对话框

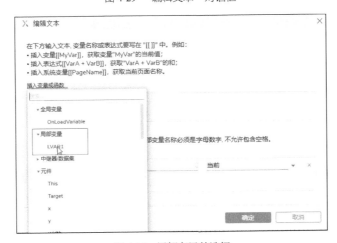

图 4-30　局部变量的选择

局部变量只能在"编辑文本"对话框中创建和使用，创建局部变量后，通过局部变量获取元件文字、选中状态和被选项等内容，并将局部变量的内容读取出来，填写到值的栏目中，参与计算或与其他字符串连接。

3. 函数变量的语法

Axure RP 9 的函数变量的基本语法是：用"[[ ]]"（英文双中括号）括住变量值和函数，变量值和函数用英文句号"."连接。

例如，[[LVAR.width]] 表示变量 LVAR 的宽度。[[This.width]] 表示当前元件的宽度，如图 4-31 所示。

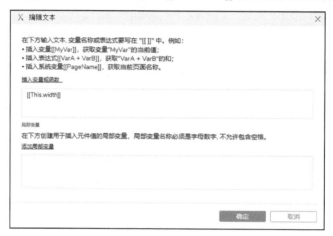

图 4-31　函数变量的语法

4.3.6　元件交互样式

交互样式指元件的样式，当元件进入触发状态时，效果样式将被应用；当元件退出触发状态时，样式效果被取消，元件恢复为基本样式。

微课视频

页面及互交
样式设置

1. 交互样式常见的例子

① 按钮被单击时边框颜色发生改变。

② 鼠标指针悬停在元件上时，元件的样式发生改变。

③ 可以为元件自定义样式效果。

操作方法："选择元件→单击鼠标右键→交互样式"，或者在元件的"交互"面板中找到"交互样式"，单击"+"按钮添加新的交互样式，如图 4-32 所示，即可打开"交互样式"对话框。

图 4-32　添加元件交互样式

2. Axure RP 9 中的元件交互样式

Axure RP 9 中的元件交互样式有如下几种，如图 4-33 所示。

① 鼠标悬停：鼠标指针悬停在元件上时元件的显示样式。

② 鼠标按下：鼠标在元件处被按下时，元件的显示样式。

③ 选中：元件被选中时的显示样式。

④ 禁用：元件被停止使用时的显示样式。

⑤ 获取焦点：鼠标指针聚焦在元件（如文本框）上时元件的显示样式。

4.3.7 动画和边界

在 Axure RP 9 中可以为动作设定动画，以丰富视觉效果。一个动画通常有两个参数，即效果和时间，如图 4-34 所示。

图 4-33 "交互样式"对话框

图 4-34 动作动画

1. 可见性效果

通常有 9 种可见性效果可供选择，如图 4-35 所示。这些效果适用于"显示 / 隐藏"及"设置面板状态"动作。

2. 运动效果

运动效果定义了在某一时间内该动作被触发后的动态表现形式，可以用于方向性的动作、元件或页面本身。运动效果主要适用于这些动作："滚动到元件""移动""旋转""设置尺寸""设置不透明度"。运动效果如图 4-36 所示。

3. 设置边界（指定范围内移动）

"移动"动作可以指定目标元件（部件）的移动范围。在更多选项中，单击"添加界限"按钮，即可对边界的顶部、左侧、右侧、底部进行设置，如图 4-37 所示。

图 4-35 可见性效果

图 4-36 运动效果

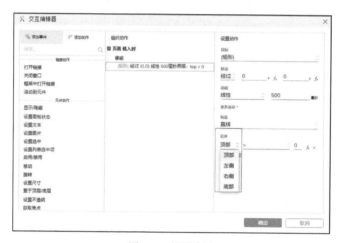

图 4-37 设置边界

4.4 Axure RP 9 的常用元件

Axure RP 9 在元件库中有很多可以选择使用的元件，下面介绍在实际原型交互设计中经常用到的元件，如动态面板、中继器、内联框架等。

4.4.1 动态面板

动态面板是一个容器。多个小元件组成的集合称为状态，多个状态的集合构成动态面板。动态面板每次只能呈现一个状态，状态的可见性由动态面板的"设置面板状态"交互功能控制。因此，动态面板非常适合创建轮播图或者侧边栏。

动态面板是 Axure RP 9 中唯一具有拖动属性和滑动属性的元件，也是唯一可以固定到浏览器中的元件，在滚动页面时该动态面板不会随之移动。因此它是作为导航栏和侧边栏的最佳选择。

1. 创建动态面板

① 创建动态面板的第一种方法：在元件库中找到"动态面板"元件，将其拖入画布中，松开鼠标左键即可创建动态面板，如图 4-38 所示。

微课视频

Axure RP 9 的
常用元件

微课视频

动态面板的使用

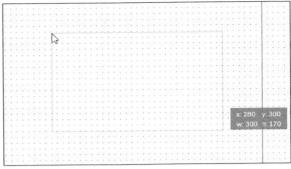

图 4-38　创建动态面板

注意：默认情况下，此动态面板的尺寸是固定的，因此如果希望自动调整大小以适合其包含的内容（其他元件），请勾选"自适应内容"复选框，如图 4-39 所示。

图 4-39　"自适应内容"复选框

将动态面板设置为自适应内容，允许其宽度和高度自动调整大小，以适合其包含的元件。当在不同大小的面板状态之间切换时，面板会自动调整大小。

也可取消勾选"自适应内容"复选框选中动态面板，并用鼠标手动调整其大小。

② 创建动态面板的第二种方法：使用现有元件创建，即在画布中选择已经有的元件组合，单击鼠标右键，然后在快捷菜单中选择"转换为动态面板"命令，这种方式更方便、更常见，如图 4-40 所示。

2. 动态面板的遮罩

默认情况下，动态面板覆盖有蓝色遮罩，以便更容易在画布上被识别。可以在 Axure RP 9 菜单栏中的"视图→遮罩"中切换遮罩开关，如图 4-41 所示。

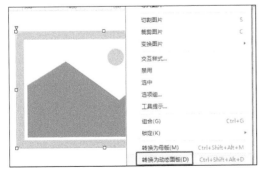

图 4-40　第二种创建动态面板的方法

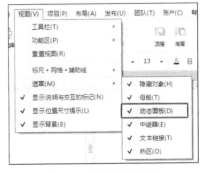

图 4-41　动态面板的遮罩

注意：遮罩不会在浏览器中呈现。

3. 设置单个面板状态

双击画布上的动态面板，进入状态编辑模式，会看到一个青色的边框及画布顶部的工具栏指示。

在此模式下，可以在动态面板的每一个状态中添加、删除和编辑包含在单个状态里面的元件，如图 4-42 所示；还可以通过单击画布右上角的"隔离"按钮来切换外部元件的可见性，如图 4-43 所示。

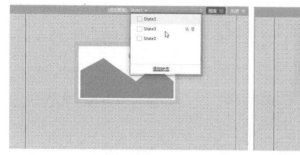

图 4-42　动态面板单个状态设置　　　　　　　　图 4-43　"隔离"按钮

4. 在"概要"面板中设置动态面板

在"概要"面板中可以直接选中动态面板中的状态或单个状态包含的元件，然后在画布中编辑选中的元件，如图 4-44 所示。

在此区域亦可进行状态的复制、删除、新增操作，按住并拖动状态可进行排序，如图 4-45 所示。

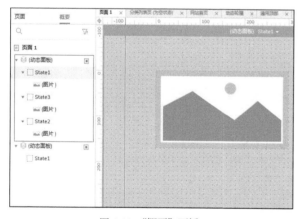

图 4-44　"概要"面板　　　　　　　　　　　图 4-45　动态面板设置

5. 从首个状态脱离

该功能可以使第一个状态从动态面板中脱离，并将该状态所包含的元件全部释放到画布上。使用鼠标右键单击动态面板，在快捷菜单中选择"从首个状态脱离"命令，如图 4-46 所示。

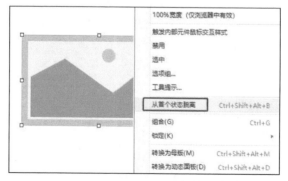

图 4-46　"从首个状态脱离"命令

4.4.2 中继器

中继器是 Axure PR 9 中一个高级的元件，用于显示文本、图像和其他元素的重复集合。中继器是存放数据集的容器，通常使用中继器来显示商品列表、联系人信息和数据表，容器中的每一个项目称作"item"，由于 item 中的数据由数据集驱动，因此每一个 item 可以在展示的时候与其他 item 不同。

中继器由数据集（可以理解为轻量级的数据库）驱动，因此它可以用来显示动态排序和过滤。中继器元件在 Axure 左侧的"元件"面板，将其直接拖至画布（中间的区域）中，如图 4-47 所示。

图 4-47　中继器元件

选中后双击中继器元件，就会进入中继器编辑界面，如图 4-48 所示，在这里可以对中继器进行编辑和设置。在"样式"面板中可以对中继器的行数、列数、行中内容进行设置，如图 4-49 所示。

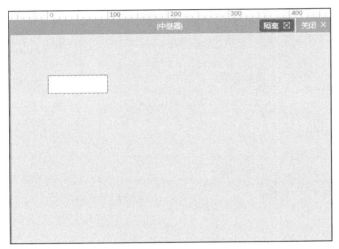

图 4-48　中继器编辑界面

图 4-49　"样式"面板

1. 间距、布局和分页

默认情况下，所有中继器的 item 都是可见的，并在一列中垂直分布，item 之间没有空格。可以使用"样式"面板中的"间距""布局""分页"中的选项对其进行更改，如图 4-50 所示。

① 间距：每个 item 之间的间距像素。

② 布局：可选择水平或垂直布局。

③ 分页：默认情况下中继器不分页，所有数据以水平、垂直或网格的方式显示在界面上。如果从页面布局上不想让中继器占用太多空间，可以对中继器进行分页。

 注意：如果分页每页展示数大于 item 数，则展示直观上只有一页。

2. 适应 HTML 内容

"适应 HTML 内容"复选框位于"样式"面板中数据集的正上方，默认情况下处于勾选状态。勾选此复选框后，每个中继器的 item 将自动调整大小以适合其包含的小部件，如图 4-51 所示。

如果取消勾选此复选框，则每个中继器的 item 将保持固定大小，而不管其包含的小组件的大小、位置或可见性是否发生任何更改。如果小部件超出其自身 item 的固定边界，则动态移动或显示的小部件可能会与其他中继器的 item 重叠。

图 4-50 "间距""布局""分页"

图 4-51 "适应 HTML 内容"复选框

3. 中继器的遮罩

默认情况下，中继器覆盖有绿色遮罩，以使其包含的小部件更容易与画布上的其他小部件区分开来。可以在 Axure RP 9 菜单栏中的"视图→遮罩"中切换中继器遮罩的开关，如图 4-52 所示。

在中继器中，文本、矩形图片和其他元素的重复集合称为 item。可以直接双击画布上的中继器元件，或者在"概要"面板中直接双击中继器元件或中继器 item 包含的元件进入 item，如图 4-53 所示。在编辑 item 时，将只看到其包含的窗口小元件的一个实例，如图 4-54 所示。

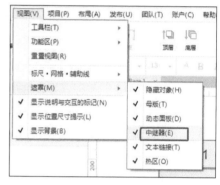

图 4-52 中继器的遮罩

> 注意：如果进入中继器编辑界面后其他组件对中继器的 item 有影响，可以通过单击画布右上角的"隔离"按钮来隐藏界面上的其他部件。

图 4-53 中继器

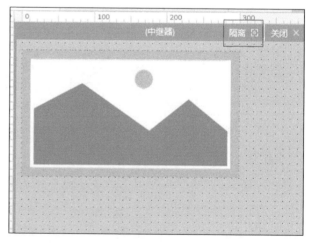

图 4-54 中继器编辑界面

4. 数据集

（1）添加数据

控制中继器 item 数据展示的数据表称为"数据集"。可以在"样式"面板中查看和编辑中继器的数据集。单击"添加列""添加行"或表格上方的按钮，可以增加行或者列。同时，也可以在下面的单元格中通过右键快捷菜单来增加 / 减少行或者列，如图 4-55 所示。

往中继器数据集里导入图片，需要在每行的图片列里单击鼠标右键，选择"导入图片"命令，找到需要的图片，如图 4-56 所示。

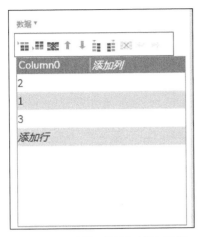

图 4-55 往中继器数据集中添加数据

图 4-56 往数据集中导入图片

注意：有多少行就说明有多少个重复的 item；有多少列就说明有多少个需要传递的变量（数据）。

可以通过按 Ctrl+V（Windows）或者 CMD+V（macOS）组合键将数据直接粘贴到这里（当然，图片还是需要单独导入的）。

（2）数据集的数据显示

文本的输入：选中右侧数据集中的单元格，输入文本，如图 4-57 所示。

文本值在 item 里面的展示：依次单击"每项加载"→"目标"→"矩形"，然后单击"设置为"→"文本"，单击"fx"按钮，如图 4-58 所示，在"插入变量或函数"框中选择一个中继器的列名，如图 4-59 所示，单击"确定"按钮。

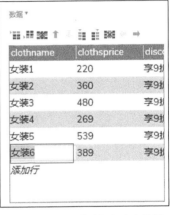

图 4-57 往数据集中添加文本数据

图 4-58 设置文本

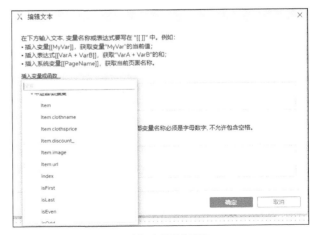

图 4-59 选择中继器的列名

4.4.3 内联框架

内联框架可以将 HTML、视频、音频和其他媒体文件嵌入 Axure RP 9 中，如优酷视频和百度地图，也可以将原型中的其他页面嵌入其中。

在元件库中找到内联框架，将其拖入工作区后松开鼠标左键即可开始使用，如图 4-60 所示。双击内联框架元件，弹出"链接属性"对话框，如图 4-61 所示，此处可以选择链接至 Axure 文件中的其他页面或者外部 URL。

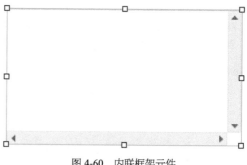

图 4-60   内联框架元件

默认情况下，内联框架有边框，可以通过勾选或取消勾选"样式"面板中的"隐藏边框"复选框来显示或隐藏边框，如图 4-62 所示。当内联框架内的内容超过其本身大小时，可以设置内联框架进行滚动。

图 4-61   "链接属性"对话框

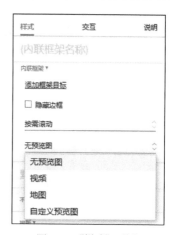

图 4-62   "样式"面板

1. 内联框架样式

内联框架中的内容会在 Web 浏览器中加载，但不会在 Axure RP 9 的画布中加载，为方便在画布中展示，可对预览的样式进行如下设置。

① 无预览（默认）。

② 视频。

③ 地图。

④ 自定义预览（允许导入自己的图像）。

 注意：预览图像仅出现在 Axure RP 9 的画布上，它不会在网络浏览器中显示。

2. 内联框架特殊交互

可以通过其他元件在内联框架上使用交互事件，如在一个按钮上设置一个鼠标单击时的动作，打开内联框架中的一个链接或者页面，如图 4-63 所示。注意，在上述操作中可选择在父级框架中打开链接或者页面，此时会在框架的上一级中打开链接，如图 4-64 所示。

3. 内联框架的限制

① 某些网站可能会被限制应用内联框架，如 Yahoo、Facebook。

② 内联框架和框架内的内容页面之间变量的传递在大多数浏览器中不适用。

图 4-63　框架中打开链接

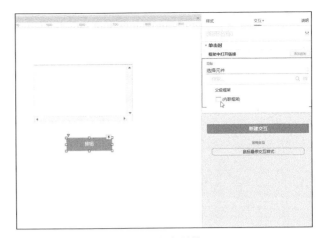

图 4-64　添加链接

4.5　查看原型

当产品经理在 Axure RP 9 中完成原型设计后，接下来可以在浏览器中预览原型、生成 HTML 本地文件、生成 Word 说明书，还可以把原型发布在 Axure 云中。

图 4-65　"预览"按钮

4.5.1　快速预览原型

当项目完成后，单击工具栏中的"预览"按钮或按 F5 键，如图 4-65 所示，即可在浏览器中查看原型效果。也可在菜单栏中选择"发布→预览"，如图 4-66 所示。

图 4-66　"预览"命令

4.5.2　预览选项设置

在进行预览时，会看到默认页面的预览效果，如图 4-67 所示。选择"Project pages"选项，弹出"站点地图"窗格，如图 4-68 所示。

图 4-67　默认预览

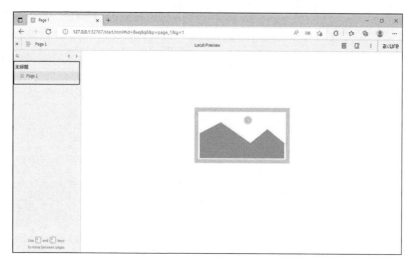

图 4-68 "站点地图"窗格

在 Axure RP 9 中,选择"发布→预览选项",弹出"预览选项"对话框,如图 4-69 所示。在此对话框中可以设置在默认情况下,用哪种浏览器进行原型预览。

4.5.3 生成 HTML 文件

选择"发布→生成 HTML 文件",如图 4-70 所示,弹出"发布项目"对话框,选择想要保存项目的位置,如图 4-71所示。单击"发布到本地"按钮即可把项目生成为 HTML 文件,在默认浏览器预览该原型。

"发布项目"对话框中有配置默认 HTML 生成器的选项。可以创建多个 HTML 生成器,在大型项目中将图形切成多个部分输出,以加快生成的速度。生成之后可以在 Web 浏览器中查看。

图 4-69 "预览选项"对话框

图 4-70 选择"生成 HTML 文件"命令

图 4-71 "发布项目"对话框

可以在菜单栏中选择"发布→更多生成器和配置文件",弹出"生成器配置"对话框,如图 4-72 所示。双击其中的选项,会弹出更多设置对话框,用于对生成器进行设置。例如双击"打印"选项,可以在弹出的对话框中完成更多设置,如图 4-73 所示。

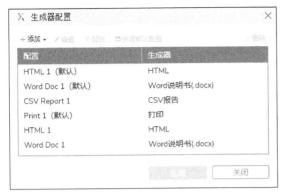

图 4-72 "生成器配置"对话框

图 4-73 打印设置

4.5.4 生成 Word 说明书

选择"发布→生成 Word 说明书",弹出"生成说明书"对话框,如图 4-74 所示。

在"生成说明书"对话框中,选择"页面"选项卡,可以设置生成说明书的页面选项,如图 4-75 所示。

图 4-74 "生成说明书"对话框

图 4-75 页面设置

在"母版"选项卡中,可以选择 Word 文档中需要出现的母版及形式,如图 4-76 所示。在"属性"选项卡中,可以选择生成时需要包含的页面,而且该选项卡还提供了多种选项和配置页面信息,这些配置可以应用于 Axure 文件中所有的页面,如图 4-77 所示。

图 4-76 "母版"选项卡

图 4-77 "属性"选项卡

在"快照"选项卡中,Axure RP 9 生成 Word 文档功能特别节省时间的原因是它可以自动生成所有页面的快照，如图 4-78 所示。在"元件"选项卡中，提供了多种元件表选项配置功能，可以对 Word 文档中包含的元件说明信息进行管理，如图 4-79 所示。

图 4-78 "快照"选项卡　　　　　　　　　　　　图 4-79 "元件"选项卡

在"布局"选项卡中，可以对 Word 文档页面布局进行选择，如图 4-80 所示。而在"模板"选项卡中，Axure RP 9 会使用一个 Word 模板，基于前面格式选项的设置，将所有内容组织起来，在 Word 模板中可以导入模板，还可以创建模板，如图 4-81 所示。

图 4-80 "布局"选项卡　　　　　　　　　　　　图 4-81 "模板"选项卡

4.6　项目实施——Web 端"电商平台"产品交互设计开发

学习 Axure RP 9 原型设计开发工具的最终目的是在 Web 端原型项目设计开发中可以熟练使用，我们通过以下案例来感受 Axure RP 9 在交互设计开发中的具体作用。

4.6.1　制作 Web 端 Banner 轮播效果

本小节需要设计和制作购物网页的商品轮播图效果，最终效果是通过动态面板元件，让 4 张商品图片按一定顺序进行循环播放，图片中的圆点也会随着图片的改变而发生相应的变化。

轮播效果实现的原理是，多张图片被放进一个动态面板的不同状态里，图片载入时具有切换动态面

微课视频

制作 Web 端
Banner 轮播效果

板的状态的交互效果。这里使用 4 张图片来演示效果，将 4 张图片转换为动态面板，放在 4 个不同的状态下，4 个圆点对应图片状态的一个切换设置，之后需要在交互中进行图片轮流播放的设置，图片切换的效果如图 4-82 所示。

图 4-82　商品轮播图的效果展示

制作步骤如下。

1. 元件基础样式设置

① 在元件库中，选中"动态面板"元件，将其拖入工作区内，如图 4-83 所示。在"交互"面板中，设置动态面板的名称为"轮播"，如图 4-84 所示。

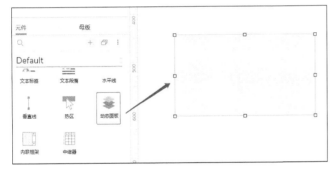

图 4-83　添加动态面板　　　　　　　　　　　　　　　图 4-84　重命名

② 双击动态面板，进入动态面板的编辑界面，连续单击"添加状态"按钮，新建 3 个状态，如图 4-85 所示。在每个状态中都添加一张图片，如图 4-86 所示。

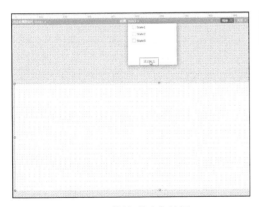

图 4-85　"添加状态"按钮　　　　　　　　　　　　　　图 4-86　添加图片

添加完成后，可以在"概要"面板中看到图片和状态，如图 4-87 所示。

③ 在左侧元件库中找到"动态面板"元件，将其拖入工作区内，设置名称为"but-one"，如图 4-88 所示，然后复制状态 3 次，每个状态中都添加 4 个圆形，设置大小为 12px×12px，然后分别在 4 个状态中按顺序给代表不同顺序图片的圆形设置一个不同的颜色，其他保持默认颜色，如图 4-89 所示。

图 4-87 "概要"面板

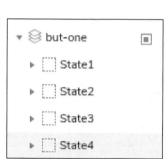

图 4-88 "but-one"动态面板

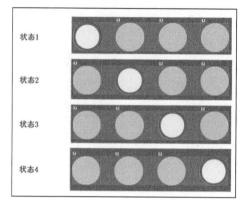

图 4-89 4 个状态的设置

④ 添加两个控制左 / 右切换的按钮，并在开始时设置为"隐藏"，如图 4-90 所示。之后将两个动态面板和控制按钮全部选中并单击鼠标右键，选择"转换为动态面板"命令，命名为"动态轮播图"，如图 4-91 所示。

2. 设置元件自动轮播的交互效果。

① 给"动态轮播图"动态面板添加交互。在"交互"面板中，单击"新建交互"按钮，在下拉列表中选择"鼠标移入时"事件，"目标"设为"控制按钮"，并设置为"显示"，动画效果设为"弹出效果"，如图 4-92 所示。

② 为"轮播"动态面板添加交互。单击"新建交互"按钮，在下拉列表中选择"载入时"事件，打开"交互编辑器"对话框，选择"设置面板状态"动作，"目标"设为"轮播"，设置详细参数，如图 4-93 所示。

③ 为"but-one"动态面板添加交互。单击"新建交互"按钮，在下拉列表中选择"载入时"事件，打开"交互编辑器"对话框，选择"设置面板状态"动作，"目标"设为"but-one"，设置详细参数，如图 4-94 所示。

图 4-90 控制按钮

图 4-91 最终元件的结构

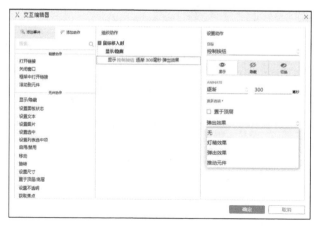

图 4-92 为"动态轮播图"动态面板添加交互

图 4-93　为"轮播"动态面板添加交互

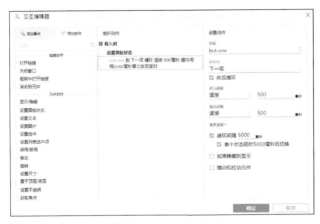

图 4-94　为"but-one"动态面板添加交互

④ 设置"控制按钮"以及"but-one"动态面板中图片切换的效果。在"but-one"动态面板中，为4 个不同状态里的 4 个圆形分别添加交互事件。在状态 1 中，对第二个按钮进行单击交互的设置，单击"新建交互"按钮，在下拉列表中选择"单击时"事件，打开"交互编辑器"对话框，选择"设置面板状态"动作，两个"目标"分别设为"轮播"和"but-one"。因为此时是需要单击某个按钮切换到相应的页面，所以设置的切换状态不需要循环，只需要切换好指定的状态，状态切换完后如果没有交互操作，需要再次让两个动态面板开始重新循环切换状态，参数详细设置如图 4-95 和图 4-96 所示。

图 4-95　为状态 1 的第二个圆形添加交互

图 4-96　单击状态 1 的第二个圆形后正常循环

⑤ 给状态 1 中的第三个圆形添加交互动作，如图 4-97 和图 4-98 所示。

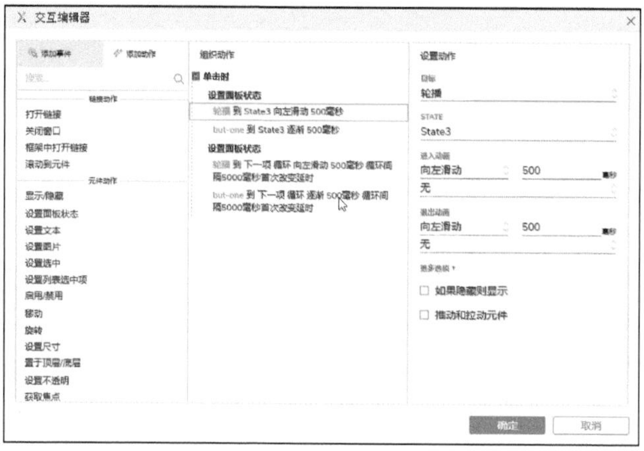

图 4-97　为状态 1 的第三个圆形添加交互

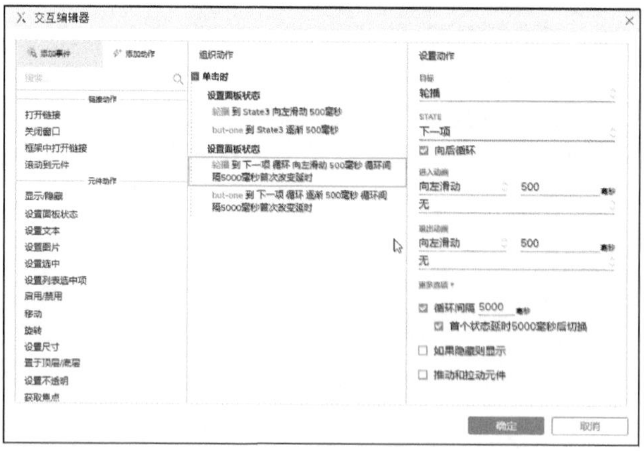

图 4-98　单击状态 1 的第三个圆形后正常循环

为状态 1 中其他圆形添加的交互事件，和为其他 3 个状态里的圆形添加的交互事件类似，只不过需要注意切换到相应的状态。

给控制按钮中的左右两个箭头添加交互，选中"右箭头"元件，在"交互"面板中，单击"新建交互"按钮，选择"设置面板状态"动作，两个"目标"分别设为"轮播"和"but-one"，参数详细设置如图 4-99 和图 4-100 所示。"左箭头"的设置跟"右箭头"的设置除了切换状态的顺序和动画方向不一样外，其他都一样。

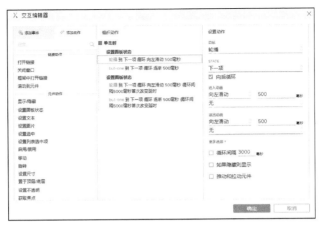

图 4-99　为控制按钮添加交互

图 4-100　未单击控制按钮时正常循环

交互都设置完成后，单击"预览"按钮，打开浏览器预览广告轮播页面，可以发现图片切换和圆形变化是对应的，如图 4-101 所示。

图 4-101　预览效果

4.6.2　制作悬浮按钮的显示与隐藏效果

本小节实现在浏览网页时，显示与隐藏某些悬浮按钮的效果。

实现悬浮按钮的显示与隐藏效果的原理是：利用"动态面板"元件，通过交互来切换状态，并根据相应的尺寸进行移动，以及设置动态面板显示的大小。悬浮按钮的显示与隐藏效果如图 4-102 所示。

图 4-102　悬浮按钮的显示与隐藏效果

制作步骤如下。

1. 元件基础样式设置

① 利用元件库提供的元件搭建一个悬浮按钮，设置尺寸为 50px×50px，如图 4-103 所示。再制作一个用于弹出的工具按钮，尺寸为 130px×130px，如图 4-104 所示。这两个尺寸在添加交互功能时会用到，所以在设置尺寸时尽量设置成比较好计算的尺寸。

② 选中悬浮按钮，单击鼠标右键，在弹出的快捷菜单中选择"转换为动态面板"命令，如图 4-105 所示。设置名称为"悬浮按钮"，如图 4-106 所示。

图 4-103　悬浮按钮　　图 4-104　工具按钮

图 4-105　将悬浮按钮转换为动态面板

图 4-106　将动态面板命名为"悬浮按钮"

③ 双击"悬浮按钮"动态面板，进入动态面板编辑界面，在顶部单击"添加状态"按钮，并将其命名为"工具按钮"，如图 4-107 所示。状态添加完后，把之前做的工具按钮放进动态面板的"工具按钮"状态里，并注意一下此时的位置为（0，0），如图 4-108 所示。

动态面板设置完成后，为了能在浏览器中有一个直观的感受，在元件库中找到"矩形"元件，将其拖入工作区，命名为"背景"，设置尺寸为 960px×660px，如图 4-109 所示。把"悬浮按钮"动态面板放在背景的右下角，"悬浮按钮"动态面板所在位置为（900，600），如图 4-110 所示。

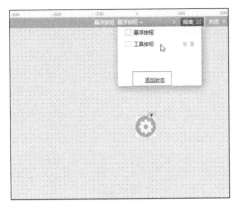

图 4-107　添加工具按钮状态

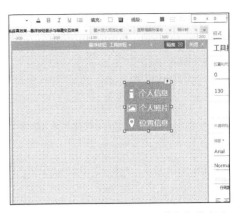

图 4-108　将工具按钮放入"工具按钮"状态里

图 4-109　背景设置

图 4-110　设置"悬浮按钮"动态面板位置

2.元件设置交互效果

① 进行交互的设定。双击"悬浮按钮"动态面板，进入悬浮按钮状态，为悬浮按钮覆盖一个热区：在元件库中找到"热区"元件，将其拖入工作区中，调整"热区"的尺寸，使其完全覆盖"悬浮按钮"动态面板的区域。设置完之后，在"热区"的"交互"面板中，单击"新建交互"按钮，在下拉列表中选择"单击时"事件，打开"交互编辑器"对话框，选择"移动"动作，让"悬浮按钮"动态面板移动到工具按钮状态的中心位置，即"悬浮按钮"动态面板到达（835，535），"目标"设为"悬浮按钮"，参数详细设置如图 4-111所示。为了能把移动效果看完，再添加"等待"动作，参数设置详细如图 4-112所示。

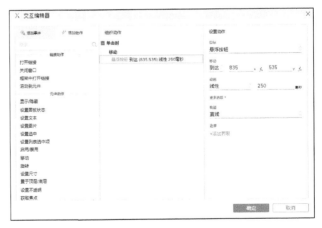

图 4-111　"单击时"事件设置移动

② 当"悬浮按钮"动态面板移动到（835，535）后，添加交互动作，设置"悬浮按钮"动态面板切换到工具按钮状态，参数详细设置如图 4-113 所示。因为"悬浮按钮"动态面板的尺寸为 50px×50px，而"工具按钮"尺寸为 130px×130px，所以此时是无法完全显示工具按钮的。为了让工具按钮全部显

示，并且显示时是从中心向四周伸展显示，需要先把工具按钮状态中的工具按钮的中心放到显示区域的中心，此时工具按钮位置为（-40，-40），再添加"设置尺寸"动作，"目标"设为"悬浮按钮"，参数设置详细如图 4-114 所示。

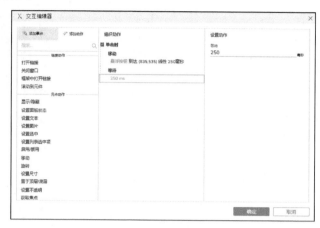

图 4-112 　"单击时"事件设置等待

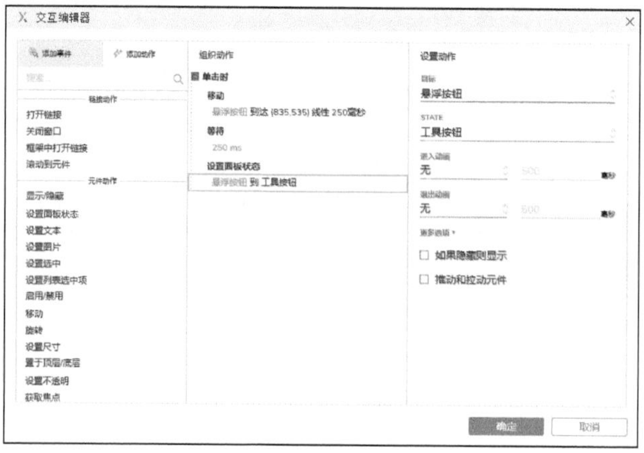

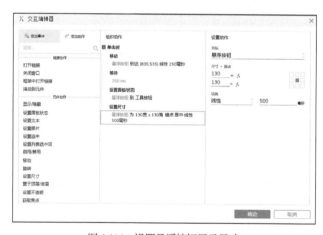

图 4-113 　设置悬浮按钮切换状态

图 4-114 　设置悬浮按钮显示尺寸

③ 此时由于工具按钮状态中的工具按钮所在位置为（-40，-40），当设置"悬浮按钮"动态面板的尺寸后，它的位置依然会在（-40，-40），有部分在显示区域之外，因此需要再添加"移动"动作，"目

标"设为"工具按钮",参数详细设置如图 4-115 所示。

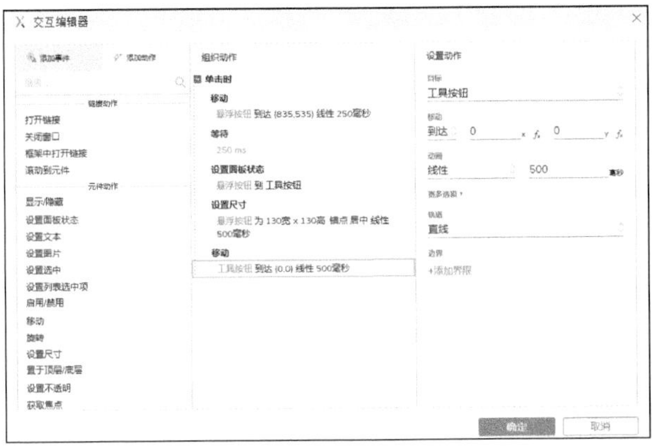

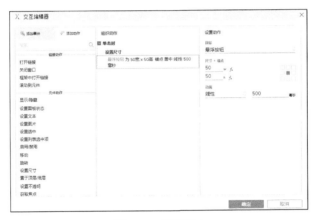

图 4-115 设置工具按钮移动到动态面板显示区域

以上是设置工具按钮显示的操作,接下来是隐藏工具按钮的操作,本质上就是把需要显示时设置的交互动作,反着再设置一遍。

④ 在工具按钮状态中的工具按钮的"交互"面板中,单击"新建交互"按钮,选择"单击时"事件,添加"设置尺寸"动作,"目标"设为"悬浮按钮",参数详细设置如图 4-116 所示。此时需要把工具按钮状态中的工具按钮的中心移到"悬浮按钮"动态面板的显示区域的中心位置,工具按钮的位置为(-40,-40),参数详细设置如图 4-117 所示。

图 4-116 设置尺寸

图 4-117 移动工具按钮

⑤ 为了把设置的动作完整看完，需要添加"等待"动作，参数详细设置如图 4-118 所示。此时"悬浮按钮"动态面板的尺寸已经恢复到了原来的 50px×50px，可以添加"设置面板状态"动作，设置"悬浮按钮"动态面板，切换面板状态到悬浮按钮状态，参数详细设置如图 4-119 所示。

图 4-118　设置等待

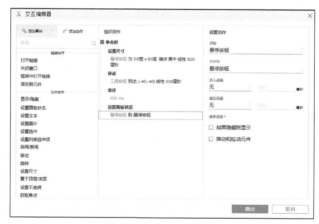

图 4-119　设置面板状态

⑥ 此时所有的状态都已经恢复到开始的设置，最后一步需要把"悬浮按钮"动态面板移动到背景的右下角，即（900，600）处，因此添加"移动"动作，"目标"设为"悬浮按钮"，参数详细设置如图 4-120 所示。

图 4-120　设置悬浮按钮的移动

交互都设置完成后，单击"预览"按钮，打开浏览器预览悬浮按钮的显示与隐藏效果，如图4-121所示。

图 4-121　悬浮按钮的显示与隐藏效果

4.6.3　制作文字跑马灯效果

本小节实现浏览网页时，文字的跑马灯效果：一段文字沿着一个方向进行移动显示，等文字完全移出显示区域后，再从开始位置移动显示，如此循环。图4-122所示为文字跑马灯效果展示。

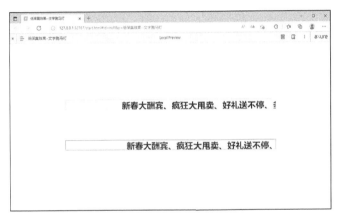

图 4-122　文字跑马灯

制作步骤如下。

1. 元件基础样式设置

① 在左侧元件库中找到"动态面板"元件，如图4-123所示，将其拖入工作区，在"样式"面板上，将其重命名为"广告文字动态面板"，如图4-124所示。

图 4-123　找到"动态面板"元件

图 4-124　重命名

② 双击"广告文字动态面板"，进入动态面板编辑界面，单击"动态面板"的状态1，在左侧元件库中找到"文本"元件，将其放入"动态面板"的状态1中，如图 4-125 所示，然后给"文本"元件添加一段广告文字内容，根据需要调整文本的样式，如图 4-126 所示。

图 4-125 "文本"元件

图 4-126 添加广告文字

③ 文字内容设置完成后，"文本"元件的尺寸为 800px×37px，如图 4-127 所示，设置"广告文字动态面板"显示区域的尺寸为 800px×37px，如图 4-128 所示。尺寸设置完之后就能保证"广告文字"可以在一次循环中全部在"广告文字动态面板"的显示区域完全显示出来。

图 4-127 "文本"元件的尺寸

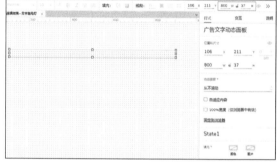

图 4-128 "广告文字动态面板"显示区域的尺寸

文本尺寸设置完成后，调整"文本"元件的位置到"广告文字动态面板"显示区域外边，由于"广告文字动态面板"显示区域的尺寸是 800px×37px，所以"文本"元件位置设置为（800,0），如图 4-129 所示。

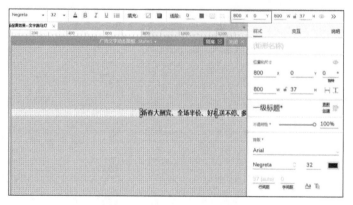

图 4-129 "文字"元件位置设置

④ 要实现"文本"元件循环移动的效果，需要"文本"元件不停地移动，因此需要不停地设置"文

本"元件的位置。此时需要一个不停检测的功能，这个功能可以利用"动态面板"在"载入时"的"设置面板状态"交互事件，在后续"状态改变时"进行不断的循环检测。

添加一个"动态面板"元件，尺寸不需要太大，可以设置得很小，因为需要切换状态，所以"动态面板"元件至少要有两个状态，如图4-130所示，将其命名为"循环"，如图4-131所示。

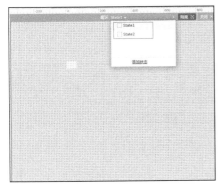

图 4-130 添加状态

图 4-131 命名为"循环"

2.元件交互效果设置

① 元件的尺寸和内容设置完成后开始进行移动控制。选中"循环"动态面板，在"交互"面板中，单击"新建交互"按钮，在下拉列表中选择"载入时"事件，打开"交互编辑器"对话框，选择"设置面板状态"动作，"目标"设为"当前"，勾选"向后循环"让"循环"动态面板不断循环切换面板状态，参数详细设置如图4-132所示。

② 设置完"循环"状态面板切换状态后，开始移动"文本"元件，接着给

图 4-132 设置"循环"状态面板的切换状态

"循环"状态面板添加"状态改变时"动作，此时需要注意的是，在进行循环移动"文本"元件时，需要判断"文本"元件所处的位置，如在开始时，"文本"元件的位置为（800，0），此时需要向左移动"文本"元件进行显示，直到完全移出"广告文字动态面板"的显示区域，此时判断"文本"元件位置是否到达（-800，0），然后把"文本"元件放回初始位置点，开启第二个循环移动周期。在"状态改变时"中开启"情形"，第一个情形判断"文本"元件位置的 x 坐标是否为800，如图4-133和图4-134所示。

图 4-133 添加情形 1

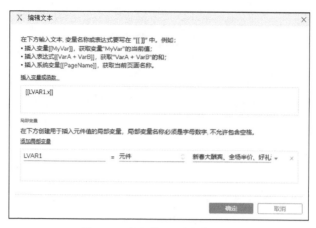

图 4-134　设置情形 1 判断的元件

③ 在"情形 1"中设置"移动"动作,"目标"设为"文本",参数详细设置如图 4-135 所示。注意在"移动"动作中,选择"到达"一个位置,而不是"经过"一个位置。"到达"是元件移动到指定的坐标位置,是一个绝对位置;而"经过"是从现有位置开始移动一定距离后的位置,是相对位置的改变,这两个是有区别的。

图 4-135　移动文本元件

④ 添加"情形 2",判断"文本"元件位置的 x 坐标是否为 −800,如图 4-136 和图 4-137 所示。

图 4-136　添加情形 2

⑤ 在"情形 2"中设置"移动"动作,"目标"设为"文本"元件,参数详细设置如图 4-138 所示。

此时需要的是"文件"元件直接到达初始位置，所以不需要动画效果。

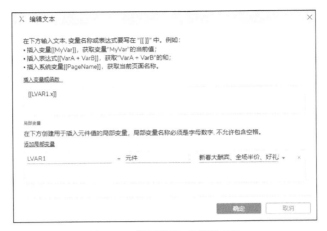

图 4-137　设置情形 2 判断的元件

图 4-138　移动"文本"元件到初始位置

交互都设置完成后，单击"预览"按钮，打开浏览器预览文字跑马灯效果，如图 4-139 所示。

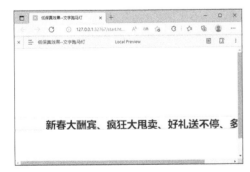

图 4-139　文字跑马灯预览效果

4.6.4　制作商品列表页

本小节设计和制作展示商品的页面，使用"中继器"元件和"样式"面板中的数据栏目，对 4 个商品进行特定的展示，展示内容包括商品名称、商品价格、商品图片和商品链接等，如图 4-140 所示。

微课视频

制作商品
列表页

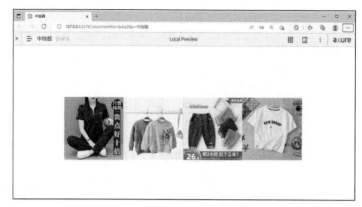

图 4-140　商品展示效果

制作步骤如下。

1.元件基础样式设置

① 在左侧的元件库中找到"中继器"元件,将其拖入工作区,重命名为"商品列表",如图 4-141所示。

② 双击"中继器"元件,进入中继器编辑器界面,调整中继器的大小,如图 4-142 所示。

③ 在中继器中添加一个"图片"元件、两个"文本标签"元件,并为各个元件重命名,如图 4-143所示。

图 4-141　添加"中继器"元件

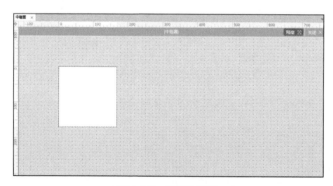

图 4-142　编辑中继器

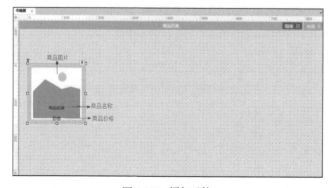

图 4-143　添加元件

④ 在"样式"面板中，设置"数据"栏中的表格参数，让各行名称与元件名称保持对应，在每个表格中添加相应的商品信息，如图 4-144 所示。设置完成后，在"image"列中单击鼠标右键，在弹出的列表中选择"导入图片"命令，逐一导入图片，如图 4-145 所示。

图 4-144 添加商品信息

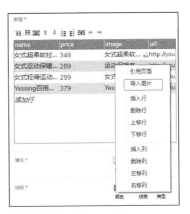

图 4-145 导入商品图片

2. 元件交互效果设置

① 元件基础样式设置完成后，找到"交互"面板，单击"新建交互"按钮，在下拉列表中选择"每项加载"事件，如图 4-146 所示。在打开的"交互编辑器"对话框中，再次单击"设置文本"动作，在"设置动作"栏中，单击"fx"按钮，如图 4-147 所示。

图 4-146 添加交互

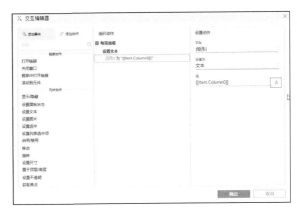

图 4-147 设置文本

② 打开"编辑文本"对话框，单击"插入变量或函数"按钮，弹出变量和函数列表，选择"Item.name"选项，如图 4-148 所示。

③ 单击"确定"按钮。回到"交互编辑器"对话框中，可以看到给动作设置的参数，如图 4-149 所示。

④ 使用之前的方法完成"商品价格"动作的设置，如图 4-150 所示。

⑤ 添加"设置图片"动作，设置商品图片的"值"为"[[Item.image]]"，如图 4-151 所示。设置完成后，"交互"面板如图 4-152 所示。

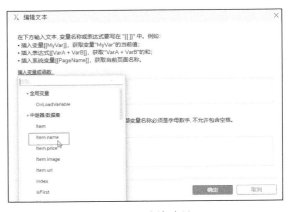

图 4-148 添加变量

图 4-149　动作参数

图 4-150　设置参数

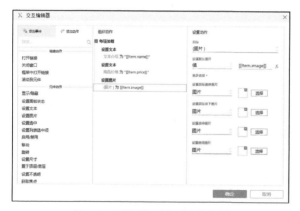

图 4-151　"设置图片"动作参数

图 4-152　"交互"面板

⑥ 给每个商品图片添加单击跳转的交互效果。双击"中继器"元件，进入中继器编辑界面。单击图片，在"交互"面板中，单击"新建交互"按钮，在下拉列表中选择"单击时"事件，选择"打开链接"动作，选择"链接到 URL 或文件路径"，如图 4-153 所示。在"交互"面板中，单击"fx"按钮，如图 4-154 所示。

⑦ 打开"编辑值"对话框，单击"插入变量或函数"按钮，弹出变量和函数列表，选择"Item.url"选项，如图 4-155 所示。

⑧ 以上交互动作设置完成后，在"样式"面板中，设置中继器的"边距""间距""布局"等参数，

如图 4-156 所示。完成后，工作区中的中继器如图 4-157 所示。

图 4-153　添加"打开链接"动作

图 4-154　设置值

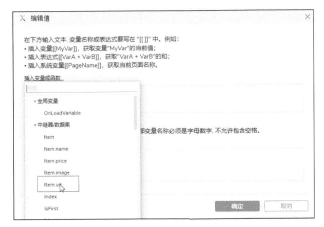

图 4-155　添加变量

图 4-156　"样式"面板

图 4-157　工作区中的中继器

　　单击工具栏中的"预览"按钮，可以在打开的浏览器中看到刚刚设置好的商品展示页面，如图 4-158 所示。单击图片打开链接效果如图 4-159 所示。

图 4-158　预览效果

图 4-159　单击图片打开链接效果

4.6.5　制作商品秒杀倒计时效果

本小节设计和制作商品秒杀倒计时效果，使用"全局变量"设置值来实现，如图 4-160 所示。

制作步骤如下。

1. 元件基础样式设置

① 在左侧的元件库中，找到"矩形"和"文本"等基础元件，将其拖入工作区，进行倒计时页面的布局设计。此处主要用到的是 3 个用来显示时间的元件，分别命名为"时""分""秒"，如图 4-161 所示。

图 4-160　商品秒杀倒计时效果

图 4-161　倒计时显示时间元件

② 元件都设置完成后，需要使用"全局变量"。在菜单栏中选择"项目→全局变量"（见图 4-162）。打开"全局变量"对话框，单击"添加"按钮，添加两个全局变量，变量名称为"dataobject"和"elapsed"，如图 4-163 所示。其中"elapsed"表示已经经过的时间，"dataobject"表示设定的倒计时的时长，此处设置的是 20 分钟倒计时，所以"dataobject"表示的是 20 分钟。

2. 元件交互效果设置

① 元件与变量设置完成后，可以对元件添加交互事件。此处是为名称为"18 点场"的元件添加交互事件，在"交互"面板上，单击"新建交互"按钮，在下拉列表中选择"载入时"事件。因制作的是 20 分钟倒计时效果，所以需要倒计时的时间是在 20 分钟内才需要进行时间的设置，需要判断经过的时间"elapsed"是否在 20 分钟内，也就是 1800 秒内。在"交互编辑器"对话框中单击"启用情形"按钮，如图 4-164 所示。在"情形编辑"对话框中设置全局变量"elapsed"的值小于 1800，如图 4-165 所示。

② 添加"等待"动作，在载入时等待 1 秒再进行倒计时，如图 4-166 所示。

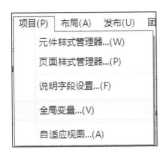

图 4-162 "全局变量"命令

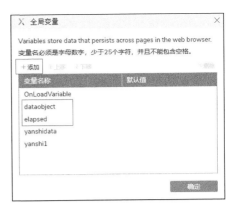

图 4-163 添加全局变量

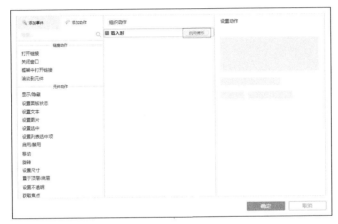

图 4-164 "启用情形"按钮 1

图 4-165 设置全局变量 "elapsed"

③ 等待 1 秒后，需要对全局变量 "elapsed" 进行时间的累加，因此单击"设置变量值"动作，选择"elapsed"全局变量，如图 4-167 所示。在"编辑文本"对话框中单击"插入变量或函数"按钮，选择"elapsed"，然后对它进行"+1"运算，如图 4-168 所示，表示经过 1 秒后，"elapsed"都会进行增加来表示已经经过时长。

④ 设置"dataobject"的值为此次需要设置的倒计时的时长，选择"dataobject"全局变量，单击设置值右侧的"fx"按钮，如图 4-169 所示，在"编辑文本"对话框中设置"dataobject"为"1 Jan 1970 00:20:00 GMT"，如图 4-170 所示。

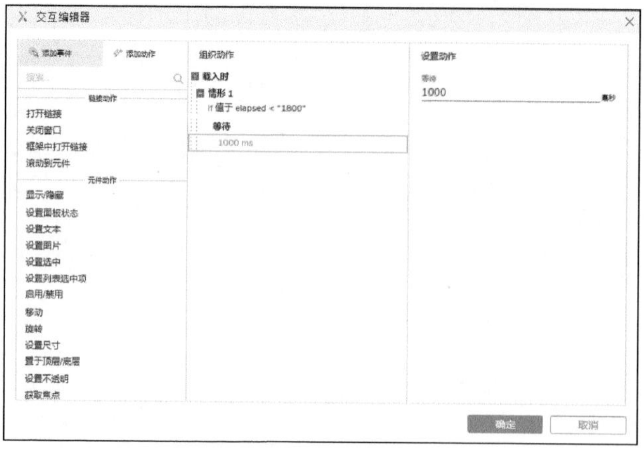

图 4-166　等待 1 秒

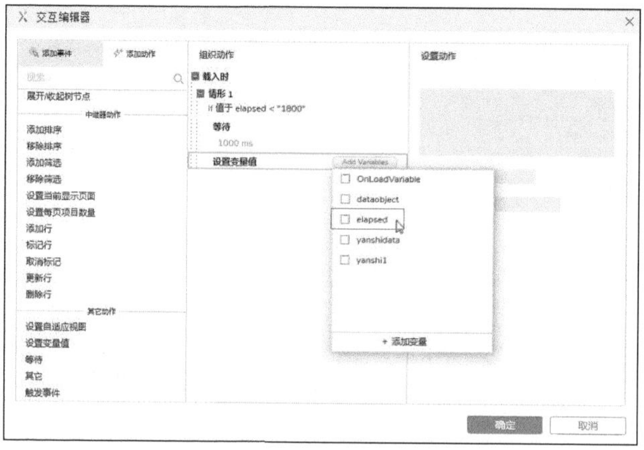

图 4-167　选择"elapsed"全局变量

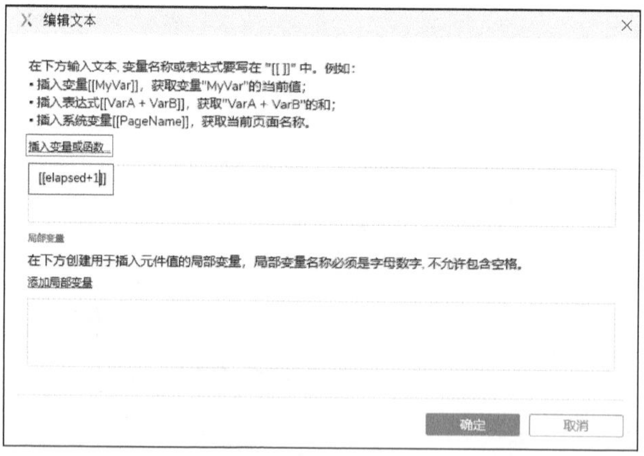

图 4-168　对"elapsed"的值进行增加设置

这里时间的设定用到了一个技巧:"1 Jan 1970 00:00:00 GMT"表示 1970 年 1 月 1 日 0 点 0 分 0 秒的时间戳是第 0 秒;如果要倒计时 20 分钟,那么在这个时间上加 20 分 0 秒就是倒计时的初始时间,即"1 Jan 1970 00:20:00 GMT",注意这个字符串是固定格式。

⑤ 变量设置完成后就可以对显示时间的元件进行文本设置了。添加"设置文本"动作,首先设置的是"秒"元件的文本数值,"目标"设为"秒",单击设置值右侧的"fx"按钮,如图 4-171 所示。在"编

辑文本"对话框中，为元件设置时间，这个时间需要进行运算获得，例如获取当前的倒计时的秒数：需要全局变量"dataobject"时间减去已经过去的时间，通过日期函数获取当前倒计时的秒数，然后将其赋给"秒"元件的文本。单击"插入变量或函数"按钮，在"时间函数"类找到 AddSeconds(seconds)函数，把"elapsed"的值转为负值作为参数写入"dataobject.addSeconds(-elapsed)"，再在函数后边插入日期函数 getUTCSeconds() 来获取当前的秒数，完整函数写法如图 4-172 所示。

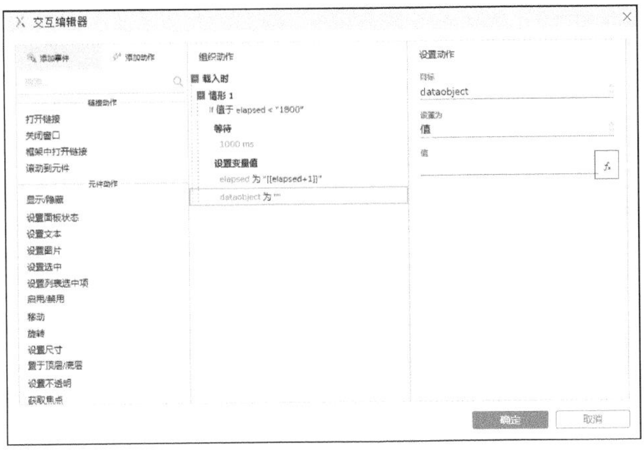

图 4-169　设置"dataobject"的值

图 4-170　设置倒计时时长

图 4-171　设置文本

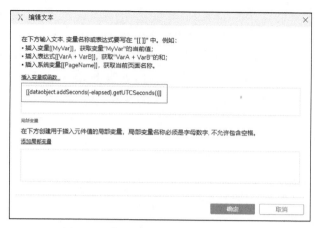

图 4-172　获取倒计时秒数函数的完整写法

⑥ 在"设置文本"动作中添加"目标"，分别设为"分"和"时"，设置文本的值的方法与设置"秒"的类似，只是获取当前时间的"分"和"时"的函数不一样，图 4-173 所示为获取当前时间"分"函数的完整写法，图 4-174 所示为获取当前时间"时"函数的完整写法。

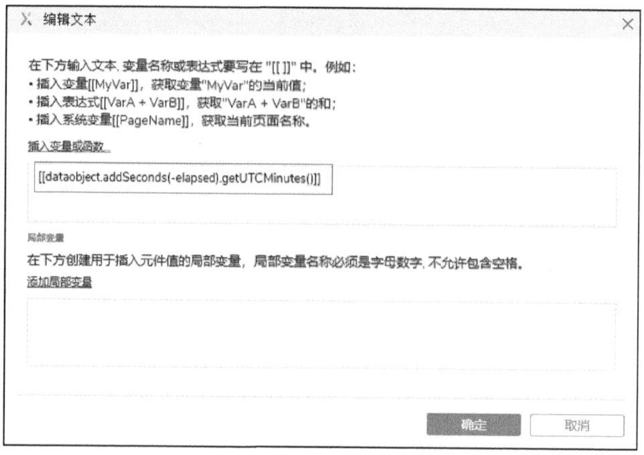

图 4-173　获取当前时间"分"函数的完整写法

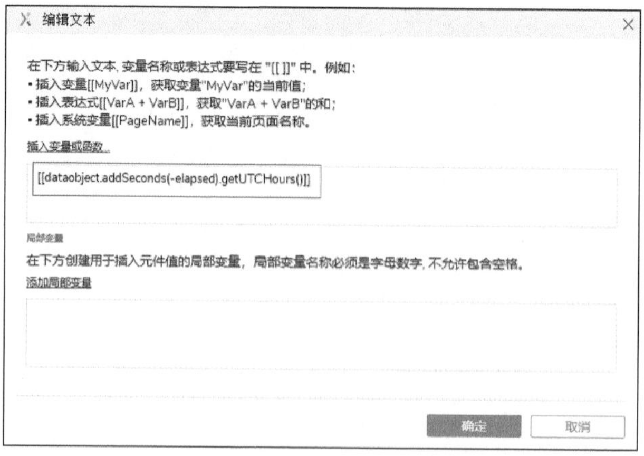

图 4-174　获取当前时间"时"函数的完整写法

⑦ 到这里已经设置完经过 1 秒后元件显示的样式。因为时间是不断地进行设置的，所以需要添加"触发事件"动作，添加"载入时"事件，就可以实现经过 1 秒后，再次调用"载入时"事件，从而在

倒计时的时长范围内不断设置倒计时的时间，如图 4-175 所示。再启用一个空的情形，不设置其他动作，只是用来判断倒计时是否结束，如图 4-176 所示。

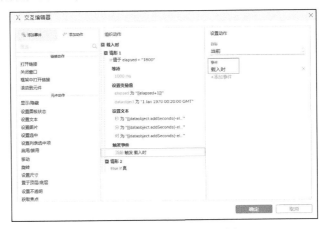

图 4-175　添加"触发事件"动作

图 4-176　启用一个空的情形

单击工具栏中的"预览"按钮，可以在打开的浏览器中看到刚刚设置好的商品倒计时秒杀效果，如图 4-177 所示。

图 4-177　商品倒计时秒杀效果

4.6.6　制作面板随鼠标指针滑动效果

本小节设计和制作商品面板随鼠标指针滑动的效果，使用"动态面板+热区"制作面板随鼠标指针从不同方向移入和移出图片区域时，浮层显示信息的效果，如图 4-178 所示。

制作步骤如下。

1.元件基础样式设置

① 在左侧的元件库中，找到"图片"元件，将其拖入工作区，添加需要展示的商品图片；接着找到"矩形"元件，将其拖入工作区中，设置矩形的颜色和透明度，调整形状完全覆盖图片区域，使用"文本"元件展示商品信息。选中矩形和商品信息并单击鼠标右键，在快捷菜单中选择"转换为动态面板"命令，将动态面板命名

微课视频

制作面板随鼠标
指针滑动效果

为"浮层显示"，如图 4-179 所示。

图 4-178 面板随鼠标指针滑动

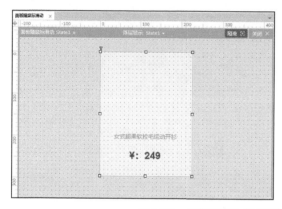

图 4-179 "浮层显示"动态面板

② 选中商品图片和"浮层显示"动态面板，单击鼠标右键，选择"转换为动态面板"命令，将动态面板命名为"面板随鼠标滑动"，如图 4-180 所示。

图 4-180 "面板随鼠标滑动"动态面板

③ 在元件左侧的元件库中找到"热区"元件，如图 4-181 所示，将其拖入工作区，调整大小使其可以覆盖图片部分左边界，命名为"左边"，如图 4-182 所示。

④ 使用"热区"元件对图片的其他 3 个边界也使用类似的方法进行设置，并分别命名为"右边""上边""下边"，最终效果如图 4-183 所示。设置完成后需要把 4 个"热区"元件放在"面板随鼠标滑动"动态面板的下边，"概要"面板如图 4-184 所示。

图 4-181 "热区"元件

图 4-182 "左边"热区

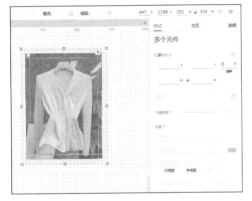

图 4-183 图片四边的"热区"元件

图 4-184 "概要"面板

2. 元件交互效果设置

① 所有元件设置完成后，可以对动态面板进行交互事件的添加。选中"面板随鼠标滑动"动态面板，在"交互"面板中，单击"新建交互"按钮，在下拉列表中选择"鼠标移入时"事件，如图 4-185 所示。此时需要考虑鼠标指针从动态面板哪个边界移入，所以需要启用情形，打开"交互编辑器"对话框，单击"启用情形"按钮，如图 4-186 所示。

图 4-185 添加移入时的交互效果

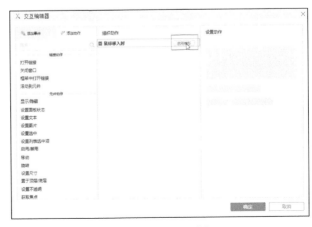

图 4-186 "启用情形"按钮 2

②"情形 1"判断鼠标指针在移入时"接触"的"元件范围"是不是"左边"热区，如图 4-187 所示。

图 4-187 左边移入情形

③ 添加并设置"显示/隐藏"动作,"目标"设为"浮层显示",设置"显示",动画为"向右滑动",参数具体设置如图 4-188 所示。

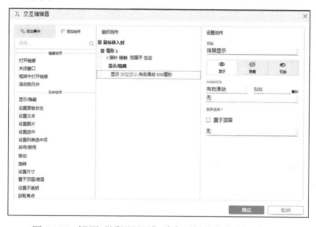

图 4-188 设置"浮层显示"动态面板从左向右滑入显示

④ 设置鼠标指针分别从"面板随鼠标滑动"动态面板的"右边""上边""下边"3 个方向移入时的情形,根据不同的情形设置"浮层显示"动态面板滑入显示的动画效果,具体设置如图 4-189 所示。

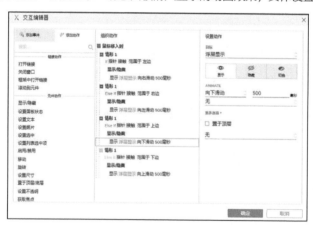

图 4-189 鼠标指针移入时 4 个情形下显示的效果

以上设置的是鼠标指针在移入"面板随鼠标滑动"动态面板区域时的交互效果。

⑤ 鼠标指针从"面板随鼠标滑动"动态面板区域移出时的交互效果的设置和移入时类似,也是 4 种情形。单击"新建交互"按钮,选择"鼠标移出时"事件,如图 4-190 所示。打开"交互编辑器"对

话框，单击"启用情形"按钮，如图 4-191 所示。

图 4-190　添加移出时的交互效果

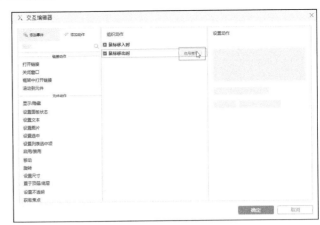

图 4-191　"启用情形"按钮 3

⑥"情形 1"判断鼠标指针在移出时"接触"的"元件范围"是不是"左边"热区，如图 4-192 所示。

图 4-192　左边移出情形

⑦ 添加并设置"显示 / 隐藏"动作，"目标"设为"浮层显示"，设置"隐藏"，动画为"向左滑动"，这个动画方向是根据"浮层显示"动态面板实际滑动方向进行设置的，参数具体设置如图 4-193 所示。

图 4-193　设置浮层显示从右向左滑出并隐藏

⑧ 设置鼠标指针分别从"面板随鼠标滑动"动态面板的"右边""上边""下边"3 个方向移出时的情形，根据不同的情形设置"浮层显示"动态面板滑出隐藏的动画效果，具体设置如图 4-194 所示。

图 4-194　鼠标指针移出时 4 个情形下隐藏的效果

设置完成后，可以多复制几个，修改图片和商品信息内容，然后单击工具栏中的"预览"按钮，在打开的浏览器中可以看到刚刚设置好的面板随鼠标指针滑动显示的效果，如图 4-195 所示。

图 4-195　面板随鼠标指针滑动效果

4.6.7　制作播放视频效果

本小节设计和制作播放视频效果，使用"内联框架"元件完成，如图 4-196 所示。制作步骤如下。

使用"内联框架"元件添加视频有两种方法：一种是添加网络视频链接，另一种是添加本地视频。

1. 添加网络视频链接

（1）元件基础样式设置

① 在左侧的元件库中，找到"内联框架"元件，将其拖入工作区，如图 4-197 所示。

② 设置"内联框架"元件的位置和尺寸，"内联框架"元件的样式设为"隐藏边框""从不滚动"，预览图设置为"视频"，如图 4-198 所示。

微课视频

制作播放视频效果

图 4-196　播放视频效果

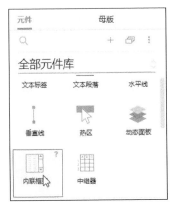 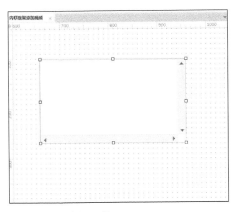

图 4-197　添加"内联框架"元件

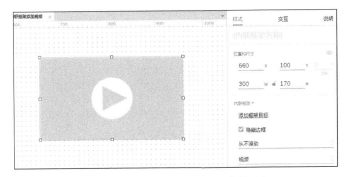

图 4-198　"内联框架"元件的样式设置

（2）元件交互效果设置

①"内联框架"元件设置完成后就可以添加视频链接了。首先需要去网络上找到可以外部嵌入的视频链接，此处以优酷视频网站为例，找到一个可以播放的视频，如图 4-199 所示，然后单击"分享"按钮，单击"复制通用代码"按钮。

图 4-199　复制网络视频链接代码

②单击"内联框架"元件，在"交互"面板中单击"新建交互"按钮，在下拉列表中选择"载入时"

事件，添加"框架中打开链接"动作，如图4-200所示。单击"fx"按钮，打开"编辑值"对话框，粘贴视频通用代码，如图4-201所示。

图 4-200　添加"载入时"事件

图 4-201　粘贴视频通用代码

③ 这段通用代码需要进行截取才能正常使用，找到通用代码引号中的一段代码进行截取，如图4-202所示，删除其他部分的代码，单击"确定"按钮。完整的交互事件如图4-203所示。

图 4-202　截取通用代码

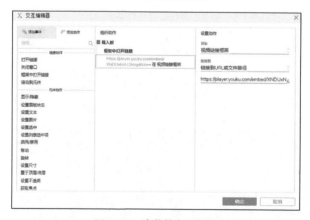

图 4-203　完整的交互事件

设置完成后，单击工具栏中的"预览"按钮，可以在打开的浏览器中看到刚刚设置好的播放视频效果，如图4-204所示。

图 4-204　添加网络视频链接的播放视频效果

2. 添加本地视频

（1）元件基础样式设置

① 在左侧的元件库中，找到"内联框架"元件，将其拖入工作区，命名为"本地视频框架"，然后设置"内联框架"元件的位置和尺寸，样式设为"隐藏边框""从不滚动"，预览图设置为"视频"，如图 4-205 所示。

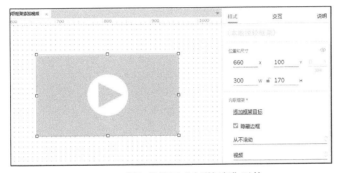

图 4-205　添加并设置"内联框架"元件

② 在"内联框架"元件中添加本地视频，需要使用"发布—生成 HTML 文件"命令，如图 4-206 所示。选择要发布的页面，如图 4-207 所示。

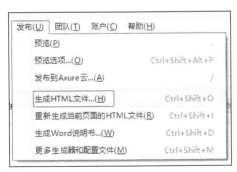

图 4-206　"生成 HTML 文件"命令

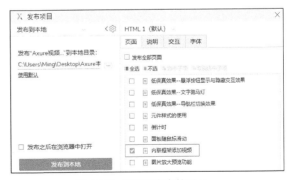

图 4-207　选择要发布的页面

③ 选择文件的保存位置，如图 4-208 所示，单击"发布到本地"按钮，生成的 HTML 文件如图 4-209 所示，之后单击 start.html 进行预览。

④ 把本地视频放到生成的 HTML 文件所在的文件夹里，如图 4-210 所示，然后在"内联框架"元件的"交互"面板中单击"新建交互"按钮，在下拉列表中选择"载入时"事件，如图 4-211 所示。

图 4-208　选择文件的保存位置

图 4-209　生成的 HTML 文件

图 4-211　添加交互事件

（图 4-210 区域）

图 4-210　把本地视频放在 HTML 文件所在的文件夹里

（2）元件交互效果设置

①打开"交互编辑器"对话框，添加"框架中打开链接"动作，"目标"设为"本地视频框架"，单击"链接到 URL 或文件路径"按钮，如图 4-212 所示。单击"fx"按钮，如图 4-213 所示，打开"编辑值"对话框。

图 4-212　添加动作

图 4-213　单击"fx"按钮

② 在"编辑值"对话框中添加本地视频，如图 4-214 所示。选择"重新生成当前页面的 HTML 文件"命令，如图 4-215 所示。

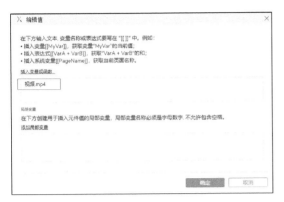

图 4-214　添加本地视频

图 4-215　"重新生成当前页面的 HTML 文件"命令

 注意：添加的本地视频只能在文件中找到对应的页面进行双击预览，无法在 Axure 中进行实时预览。

设置完成后，在生成的 HTML 文件里找到"start.html"文件双击进行预览，可以在打开的浏览器中看到刚刚设置好的播放本地视频效果，如图 4-216 所示。

图 4-216　播放本地视频效果

4.6.8　制作图片放大预览效果

本小节设计和制作图片放大预览效果，使用动态面板 + 移动元件位置功能实现。案例实现效果：左侧为商品图片，当鼠标指针移入商品图片区域时，右侧的商品图片局部放大面板对预览框中的内容进行放大显示，如图 4-217 所示。

制作步骤如下。

1. 元件基础样式设置

① 在左侧的元件库中找到"动态面板"元件，如图 4-218 所示，将其拖入工作区，命名为"左面板 1"，尺寸设为 450px×450px，如图 4-219 所示。

② 双击"左面板 1"动态面板，进入动态面板编

微课视频

制作图片放大
预览效果

图 4-217　图片放大预览效果

辑界面，在左侧的元件库中找到"图片"元件，将其拖入动态面板的默认状态中，把图片位置调整到（0，0），大小与动态面板的尺寸一样，再填充需要显示的商品图片，如图4-220所示。

图4-218 "动态面板"元件

图4-219 设置动态面板

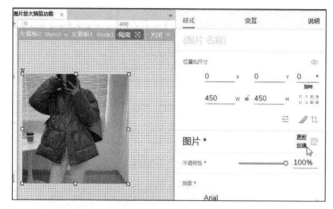

图4-220 设置"左面板1"动态面板默认状态中元件的样式

③ 状态1设置好后，利用动态面板编辑界面顶部的菜单栏，复制得到3个状态，如图4-221所示，然后修改复制得到的状态中的填充图片，如图4-222所示。

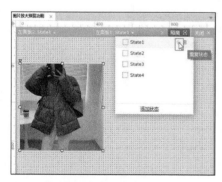

图4-221 复制状态

图4-222 修改3个状态中图片的填充

④ 将元件库中的"矩形"元件拖入工作区中，命名为"演示预览框"，调整矩形的尺寸为150px×150px，把线段的宽度设置为"0"，如图4-223所示。颜色和透明度设置如图4-224所示。把"演示预览框"设置为隐藏状态。

⑤ 选中"左面板1"和"演示预览框"两个元件，单击鼠标右键，在快捷菜单中选择"转换为动态面板"命令，如图4-225所示。将动态面板命名为"左面板2"，"左面板2"的概要视图如图4-226所示。

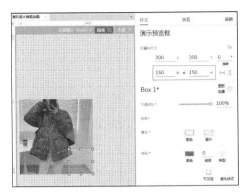

图 4-223　"演示预览框"元件

图 4-224　颜色和透明度设置

图 4-225　"转换为动态面板"命令

图 4-226　"左面板 2"的概要视图

⑥ 在"左面板 2"的右侧制作显示放大图片效果的元件，右侧的元件结构和"左面板 2"的结构类似。由于"左面板 1"元件和"演示预览框"元件的尺寸是 3∶1，所以右侧的实际显示放大的图片的尺寸和显示区域比例也是 3∶1。将元件库中的"动态面板"元件拖入工作区，命名为"右面板 1"，设置"右面板 1"动态面板的尺寸为 1350px×1350px，如图 4-227 所示。同样需要 4 个状态来与"左面板 1"中的商品图片一一对应，只不过此时图片的尺寸变成了 1350px×1350px，如图 4-228 所示。

图 4-227　"右面板 1"动态面板

图 4-228　"右面板 1"动态面板的状态

⑦"右面板 1"动态面板设置完成后，选中"右面板 1"动态面板，单击鼠标右键，选择"转换为动态面板"命令，将动态面板命名为"右面板 2"，设置面板的显示尺寸为 450px×450px，取消勾选"自适应内容"复选框，如图 4-229 所示。把"右面板 2"动态面板设置为隐藏状态。"右面板 2"动态面板的概要视图如图 4-230 所示。

图 4-229　"右面板 2"动态面板的设置

图 4-230　"右面板 2"动态面板的概要视图

⑧ 添加 4 个用来切换商品图片的小图，如图 4-231 所示。再添加一个"动态面板"元件，命名为"图片放大循环"，用于进行循环判断的操作，不需要其他设置，只需要通过循环切换面板状态来移动"演示预览框"动态面板和"右面板 1"动态面板，实现图片局部放大预览。"图片放大循环"动态面板如图 4-232 所示。

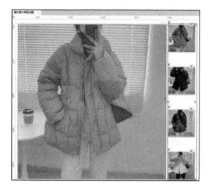

图 4-231　切换商品图片的小图

图 4-232　"图片放大循环"动态面板

2. 元件交互效果设置

① 元件设置完成后，可以开始进行交互事件的添加。为"左面板 2"动态面板添加交互，在"交互"面板中单击"新建交互"按钮，在下拉列表中选择"鼠标移入时"事件，打开"交互编辑器"对话框，添加"显示/隐藏"动作，目标分别设为"演示预览框"和"右面板 2"，参数详细设置如图 4-233 所示。

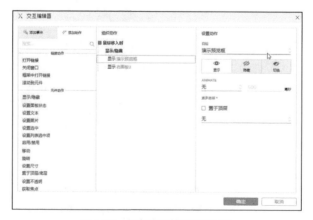

图 4-233　添加交互控制元件显示

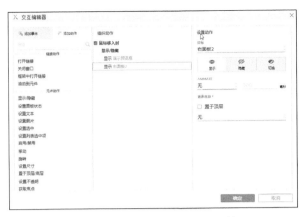

图 4-233　添加交互控制元件显示（续）

② 添加"鼠标移出时"事件。在"交互编辑器"对话框中添加"显示/隐藏"动作，目标分别设为"演示预览框"和"右面板 2"，参数详细设置如图 4-234 所示。

图 4-234　添加交互控制元件隐藏

③ 给 4 个切换商品图片的小图添加交互。选中 4 个小图，单击鼠标右键，在快捷菜单中选择"选项组"命令，如图 4-235 所示。在"选项组"对话框中设置 4 个图片的"组名称"，如图 4-236 所示。

④ 给 4 个小图分别添加切换面板状态的交互事件。单击"新建交互"按钮，选择"鼠标移入时"事件，添加"设置选中"动作，参数详细设置如图 4-237 所示。设置选中后的交互，添加"选中"事件，添加"设置面板状态"动作，参数详细设置如图 4-238 所示。其他 3 个的交互设置与这个一样，只是切换的面板状态需要与小图所对应的状态一致。

图 4-235 "选项组"命令

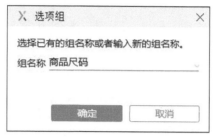

图 4-236 设置"组名称"

图 4-237 "设置选中"动作

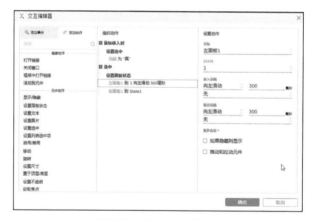

图 4-238 切换动态面板到对应的商品图片状态

⑤ 设置"图片放大循环"动态面板的交互效果。单击"图片放大循环"动态面板，在"交互"面板中单击"新建交互"按钮，选择"载入时"事件，在"交互编辑器"对话框中添加"切换面板状态"动作，参数详细设置如图 4-239 所示。

⑥ 添加"状态改变时"事件。添加"移动"动作，打开"交互编辑器"对话框，将"目标"设为"演示预览框"，移动方式选择"到达"，需要让"演示预览框"跟随鼠标指针移动，而鼠标指针的坐标是相对于整个工作区的左上角来说的，"演示预览框"的坐标是相对于"左面板 2"的左上角来说的，所以要实现

"演示预览框"在移动时跟随鼠标指针，并且鼠标指针位于"演示预览框"的中心位置，那么需要使用鼠标指针的 x 坐标，减去"左面板 2"所在位置的 x 坐标，本案例中"右面板 2"的坐标为（50，201），再减去"演示预览框"宽度的一半，y 方向的移动原理也是如此，分别单击设置 x 和控制 y 方向的"fx"按钮，如图 4-240 所示。打开设置 x 坐标的"编辑值"对话框，单击"插入变量或函数"按钮，如图 4-241 所示。

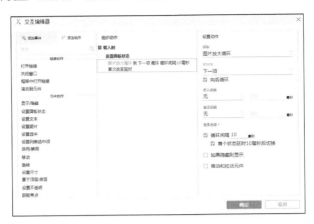

图 4-239　添加切换面板状态的交互

图 4-240　添加"移动"动作

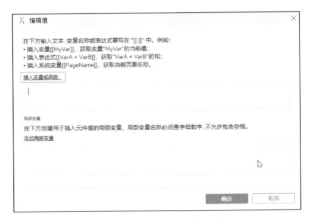

图 4-241　"插入变量或函数"按钮

　　⑦ 在"鼠标指针"函数中找到"Cursor.x"，如图 4-242 所示。通过鼠标指针 x 坐标减去"左面板 2"所在位置的 x 坐标和"演示预览框"宽度的一半，最终就得到了"演示预览框"的 x 坐标，如图 4-243 所示。

图 4-242　"鼠标指针"函数　　　　　　　　　　图 4-243　"演示预览框"跟随鼠标 x 坐标

⑧ 设置"演示预览框"的 y 坐标，原理同上，"演示预览框"的 y 坐标设置如图 4-244 所示。

图 4-244　"演示预览框"跟随鼠标 y 坐标

⑨ 为了不让"演示预览框"超出"左面板 2"的边界，如图 4-245 所示，需要给"演示预览框"添加边界条件，设置"演示预览框"的上、下、左、右 4 个方向都不能超出边界，即只能在"左面板 2"的显示区域中移动，如图 4-246 所示。

图 4-245　超出边界　　　　　　　　　　　图 4-246　为"演示预览框"添加移动边界

⑩ 设置完"演示预览框"的移动边界后，继续设置"右面板 1"的移动边界，原理和设置"演示预览框"的移动边界是一致的，不过需要注意它们之间的对应关系。如"演示预览框"相当于"右面板 2"，"左面板 2"相当于"右面板 1"，而在左边，是"演示预览框"在移动，"左面板 2"是不移动的；在右

边是"右面板1"进行移动,"右面板2"则不动,"右面板1"移动的方向正好和"演示预览框"移动的方向相反,而移动的坐标是"演示预览框"坐标的3倍。通过相应的计算得到"右面板1"移动时的 x 坐标,如图4-247所示,"右面板1"移动时的 y 坐标如图4-248所示。

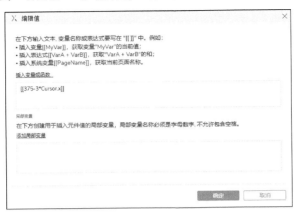

图4-247 "右面板1"移动时的 x 坐标

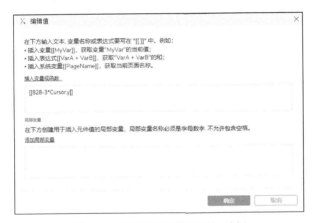

图4-248 "右面板1"移动时的 y 坐标

⑪ 给"右面板1"的移动添加边界,此时的边界就不只是"右面板2"的显示区域了,有两个临界的移动效果,就是"右面板1"的左上角在"右面板2"的左上角时,也就是在(0,0)位置时,它的右下角坐标为(1350,1350);当"右面板1"的右下角正好在"右面板2"的右下角时,它的左上角的坐标为(-900,-900),这样就可以分析出"右面板1"在移动时的边界条件,如图4-249所示。

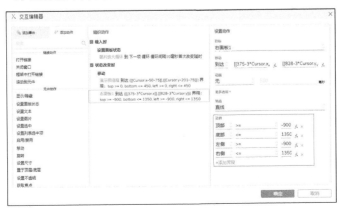

图4-249 为"右面板1"添加移动边界

设置完成后，单击工具栏中的"预览"按钮，可以在打开的浏览器中看到刚刚设置好的图片随鼠标指针移动放大预览的效果，如图 4-250 所示。

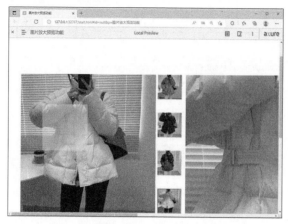

图 4-250　图片随鼠标指针移动放大预览的效果

4.7　项目小结

本项目主要介绍了关于 Axure RP 9 原型设计工具的基础知识，包括软件的基础使用方法、面板及工具的使用方法。其中，着重介绍了 Axure RP 9 中的函数，Axure RP 9 中的函数是整个软件中非常重要的部分，读者想要熟练使用软件，必须掌握函数部分的内容。

4.8　素养拓展小课堂

交互设计努力去创造和建立的是人与产品及服务之间有意义的关系，以"在充满社会复杂性的物质世界中嵌入信息技术"为中心。

Web 端轮播图是 Axure RP 9 中元件相互结合使用实现的效果，离开任何一个元件交互的设置都将无法完成轮播效果。类比于多人组合在一起构成一个团队，一人无法完成某些任务，但一个团队只要互相取长补短，每个人都发挥相应的作用，就可以完成。本项目的预期：促进读者对团队意义的理解，培养读者的团队精神和集体荣誉感。

4.9　巩固与拓展

本项目主要介绍了 Axure RP 9 原型设计工具的界面、基本交互方法和重点的元件使用（动态面板的使用、中继器的使用）等，对项目实施案例——Web 端"电商平台"产品交互设计开发做了详细的介绍，用专业的眼光分析网页交互产品的元件动作设计方法和网页交互中的逻辑条件概念，有助于读者更深入理解 Axure RP 9 原型设计工具。

同时我们要注意，在以后的市场产品设计中，切不可一味追求高保真的交互设计效果，网页原型设计的交互效果是采用高保真效果还是低保真效果要根据具体工作要求来进行选择，切不可因一味追求高保真交互效果而延误其他工作。另外，请你从现实生活中的各类媒体中寻找、收集有关功能性网站的交互样例，针对样例尝试着制作其中部分交互效果。

4.10 习题

一、单选题

1. 目前常用的原型设计工具不包括以下哪种工具（   ）。

A. Photoshop   B. Visio   C. Axure   D. IC.oWorkshop

2. 以下不属于页面（站点地图）管理的是（   ）。

A. 添加页面   B. 重命名页面   C. 删除页面   D. 页面载入

3. 下列选项中不属于 Axure RP 9 核心功能的是（   ）。

A. 原型   B. 交互   C. 协作   D. 草图

二、多选题

1. Axure RP9 元件交互样式有（   ）。

A. 鼠标悬停   B. 鼠标按下   C. 选中   D. 禁用

2. 下列选项中属于 Axure RP 9 内置元件的有（   ）。

A. 按钮   B. 图片   C. 导航   D. 下拉式菜单

三、填空题

1. "中继器"元件的功能特点是_____。

2. 交互是由_____触发的，并由它来执行相应的动作。

移动端"教学助手"App 产品交互设计开发

本项目主要讲解使用原型设计工具墨刀来进行移动端"教学助手"App 产品交互设计开发的流程与方法。通过本项目的学习，读者可以掌握使用墨刀进行原型交互设计的方法，并且可以在学习项目制作的同时，了解教学服务的建设。

学习目标

知识目标

● 了解墨刀工具的基本工作特征；掌握使用墨刀进行原型交互设计的方法。

能力目标

● 具有根据 App 交互动态需求进行界面分割与优化的能力；具有应用墨刀独立完成 App 端交互设计产品的能力。

素质目标

● 通过对国产原型设计软件墨刀的学习，具有民族自豪感和自信心；具有爱岗敬业的社会主义核心价值观。

5.1 移动端"教学助手"App 产品交互设计开发项目背景分析

在智能移动终端随处可见的今天，各个行业和领域的信息化需求越来越大，而我们的课堂教学模式和教务管理模式也在进行着一场大变革。传统教学方法形式单一，一般都是教师站在讲台上讲，学生在下面被动地接受知识。长期采用这种灌输式教学，会出现学生不主动、学习兴趣不高、课堂效果不佳等问题。

"互联网＋"背景下的教学要求我们用新技术、新媒体、新方法，探索个性化学习新模式。应运而生的"教学助手"App，不仅提高了课堂教学质量和效果，而且促进了信息技术与教育教学的深度融合。

5.2 移动端"教学助手"App 产品交互设计开发项目需求分析

移动端"教学助手"App 是一款教学服务管理软件，旨在通过信息化手段，提供学院部门管理、智慧教学、教务管理、课程及资源管理、学习管理、新闻资讯展示等功能。

下面主要从目标用户、运行环境、软件规划、功能需求等方面进行需求分析。

1. 目标用户

适用于广大师生等。

2. 运行环境

安卓移动端。

3. 软件规划

① 学习平台：文字、图片、视频多媒体在线学习。

② 资源平台：统一标准、整合资源、共享网络服务。

③ 教务平台：教学资料管理、考务、学生管理等。

④ 资讯平台：政策速读、新闻事件、热点话题、行业动态等构建全方位信息平台。

⑤ 交流平台：先锋论坛，发布学习心得，在线评论互动。

4. 功能需求

① 注册登录：用户可以通过手机号 + 验证码或者用户名 + 密码的方式注册和登录。

② 忘记密码：如果用户忘记密码，可以通过手机号 + 验证码的方式重置密码。

③ 首页分类：首页会展示一些新闻及学术专题，每个专题都有不同的分类。

④ 新闻资讯：实时更新一些大赛、培训、会议等相关信息，方便用户了解最新的资讯。

⑤ 点赞评论：遇到喜欢的视频或者文章可以点赞和评论。

⑥ 学习模块：用户在学习模块可以搜索相关课程的书籍、视频、音频进行学习。

⑦ 教学管理：用户可以在 App 上对教学计划、教研活动、教学组织及教学质量等环节进行查看和管理。

⑧ 我的资料：展示用户的头像、昵称、性别、生日、实名认证、手机号绑定等。

5.3 墨刀概述

墨刀是一款特别容易上手的在线原型设计与协同工具，特别是在新项目规划和演示、流程梳理方面，其优势非常明显；丰富的基础功能组件和小图标，让原型页面显得更高保真；团队协作功能更是能让大家实时同步产品规划的进度、表达意见，大大提高了工作和沟通效率。

5.3.1 工作界面

墨刀工作界面是墨刀的主要操作区，认识墨刀工作界面可以帮助我们更好地掌握墨刀的使用方法。

墨刀工作界面由 7 部分组成，分别是功能区、工具栏、页面栏、图层栏、元件栏、设置栏、工作区，如图 5-1 所示。以下是各个部分的具体介绍。

1. 功能区

功能区上有很多功能按钮，可以协助完成组件布局、图层顺序的调整等常见操作。

① 常规操作：功能区左侧第一部分按钮可以帮助我们完成保存、撤销和重做操作，如图 5-2 所示。

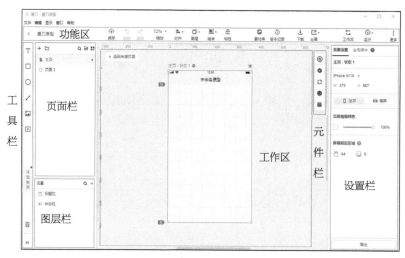

图 5-1　墨刀工作界面

② 缩放：对整个工作区进行缩放设置，如图 5-3 所示。

③ 对齐 / 分布：对齐功能仅适用于两个及两个以上的组件，分布功能适用于 3 个及 3 个以上的组件；主要控制多组件的对齐方式以及分布情况，如左 / 中 / 右对齐、上 / 中 / 下对齐，以及水平 / 垂直等间距，如图 5-4 所示。

④ 图层：控制组件的层级显示关系，选中组件后可单击"置顶""置底""上 / 下移一层"按钮进行调整，如图 5-5 所示。

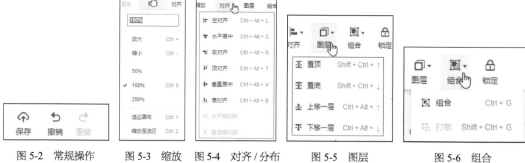

图 5-2　常规操作　　图 5-3　缩放　　图 5-4　对齐 / 分布　　图 5-5　图层　　图 5-6　组合

关于图层设置有以下事项需要注意。

● 新拖入的组件默认处于顶层，覆盖其他组件。

● 组合或组件复制后，图层信息也会一并复制。

● 某组件设置了"运行时固定位置"后，其他任何组件都无法置顶覆盖该组件。

⑤ 组合：选中多个组件后，单击"组合"按钮即可完成编组，编组成功后可对当前组合进行整体拖动操作，如图 5-6 所示。

⑥ 打散：选中某组合，单击"打散"按钮即可取消编组，然后便可重新编辑单个组件样式及位置。

⑦ 锁定：可以暂时将某些组件的位置锁定，以便更好地进行页面设计；锁定后的组件无法编辑、移动、旋转和设置链接，选中组件后单击该按钮，可取消锁定。

⑧ 素材库：完成图片上传或素材管理，如图 5-7 所示；当墨刀内置组件或素材库不能满足设计需要时，可以上传个人素材图片；支持上传 PNG、JPEG、GIF 格式的图片。

⑨ 下载：一键下载原型的离线演示文件，如图 5-8 所示。

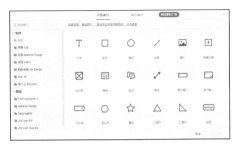

图 5-7　素材库

⑩ 分享：一键将做好的项目通过链接、二维码的形式发送给其他人预览，如图 5-9 所示。

图 5-8　下载

图 5-9　分享

⑪ 工作流：一键打开工作流编辑界面，快速掌握项目全局交互信息，如图 5-10 所示。

⑫ 运行：一键预览原型文件演示效果。

⑬ 标注：快速打开项目页面信息标注页，如图 5-11 所示。

2. 工具栏

工具栏包含一些基本图形设计工具，如文本、矩形、圆形、直线和图片，用来绘制基础图形，如图 5-12 所示。

图 5-10　工作流　　　图 5-11　标注

页面回收站：保留 14 天内删除的页面，如图 5-13 所示。

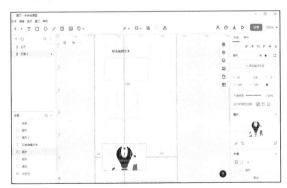

图 5-12　图形设计工具　　　图 5-13　页面回收站

收起工具：可以隐藏或显示页面栏和图层栏，如图 5-14 所示。

3. 页面栏

在页面栏中可以完成有关页面的所有操作，如新建页面、删除页面和查找页面等，如图 5-15 所示。

4. 图层栏

图层栏显示当前面板中的所有元件，如图 5-16 所示。

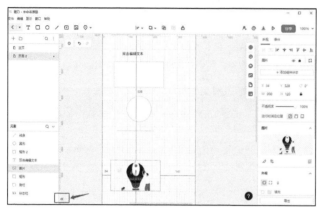

图 5-14　收起工具

图 5-15　页面栏

5. 元件栏

元件栏中有状态、内置组件、我的组件、图标以及母版等，其中内置组件包含设计原型所需的大量元件，如图 5-17 所示。

6. 设置栏

设置栏可以对元件的一些样式进行设置，如宽、高、旋转角度和文字样式等，如图 5-18 所示。

"全局事件"面板可以为元件添加交互效果，如图 5-19 所示。

图 5-16　图层栏

图 5-17　内置组件

图 5-18　设置栏

图 5-19　"全局事件"面板

7. 工作区

工作区是创建原型的区域，显示当前页面的所有内容，如图 5-20 所示；在"页面设置"面板中可以对页面进行背景颜色和大小的设置，如图 5-21 所示。

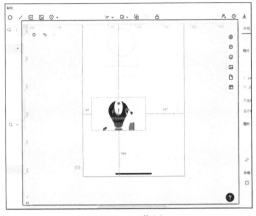

图 5-20　工作区

图 5-21　"页面设置"面板

5.3.2　元件

所有的内置组件都在右侧的元件栏中，分为 5 类：**基本组件、形状组件、输入组件、工具栏组件**及**其他组件**。

1. 内置组件中的重点组件

（1）轮播图组件

内置组件中新增了轮播图组件，自带自动轮播和左滑右滑功能，操作更加智能、便捷。

添加轮播图：从内置组件中拖出"轮播图"组件，如图 5-22 所示；右侧"外观"面板上自动出现图片占位，鼠标指针悬浮于上，可以选择"从本地替换"或者"从素材库替换"，如图 5-23 所示。

"轮播图"组件设置如图 5-24 和图 5-25 所示。

- 调整轮播图顺序，直接拖动缩略图，即可调整轮播图顺序。
- 可以设置横向和纵向两种滚动模式，指示点自动归于恰当位置。
- 选择自动轮播，可以设置轮播的时间间隔。
- 设置指示点及指示点颜色，选择是否显示指示点。

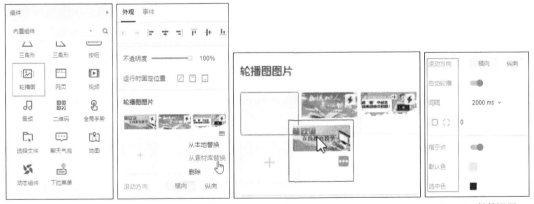

图 5-22　"轮播图"组件　图 5-23　设置轮播图图片　图 5-24　调整顺序　图 5-25　其他设置

（2）网页组件

从内置组件中拖出"网页"组件，如图 5-26 所示，可以添加音频、视频或者地图 URL。

输入想要展示的网页的完整 URL，只能预览支持 HTTP 的网页，并且该网站要允许被嵌入其他网站。组件尺寸会影响预览时网页展示区域大小，也就是网页内容只会在此组件内部显示。

① 添加音频：使用"网页"组件添加音频效果，进行音乐播放器的制作。

- 添加一个"网页"组件。(注意:"网页"组件只能预览支持HTTP且允许被嵌入其他网站的网页。)
- 访问一个音乐网址,选择某一首歌曲,然后单击"生成外链播放器"按钮,如图5-27所示。滚动到最下方,找出这段代码里的网址,如图5-28所示,在其前面补充上"https:"即可使用。将网址设为上面得到的播放器地址,如图5-29所示。
- 单击"预览"按钮,效果如图5-30所示。

② 添加地图
- 添加一个"网页"组件。(注意:"网页"组件只能预览支持 HTTP 且允许被嵌入其他网站的网页。)

图 5-26 添加"网页"组件

- 使用"腾讯地图"来添加地图,腾讯地图开放平台:http://lbs.qq.com/。首先,注册腾讯地图账号,然后创建个人的 key,如图 5-31 所示。

图 5-27 生成外链播放器

图 5-28 HTML 代码

图 5-29 在"网页"组件里添加音频链接

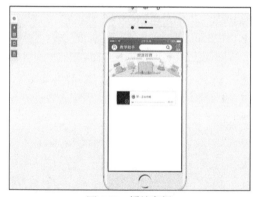

图 5-30 播放音频

图 5-31 创建用户 key

- 在官网顶部，单击"开发文档"，选择"地图组件"查看详情，如图 5-32 所示。

图 5-32　查看详情

- 地图组件页内有一个"调用地址"部分，会看到这样一个 URL：http://apis.map.qq.com/
tools/poimarker?type=0&marker=coord:39.96554,116.26719;title: 成 都 ;addr: 北 京 市 海 淀 区 复
兴路 32 号院 |coord:39.87803,116.19025;title: 成都园 ;addr: 北京市丰台区射击场路 15 号北京
园博园 |coord:39.88129,116.27062;title: 老成都 ;addr: 北京市丰台区岳各庄梅市口路西府景园
六号楼底商 |coord:39.9982,116.19015;title: 北京园博园成都园 ;addr: 北京市丰台区园博园内
&key=yourkey&referer=myApp。其中"key=yourkey"部分需要换成自己在腾讯地图创建的 key。
- 将这个 URL 中的 http 替换为 https，然后将里面的地址替换为想要展示的地址，进入墨刀的"外
观"面板，将组件的 URL 设为上面的 URL 即可，如图 5-33 所示。
- 单击"预览"按钮，就可以看到地图的显示效果，如图 5-34 所示。

图 5-33　添加地图 URL

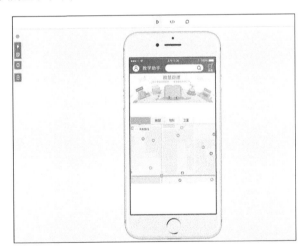

图 5-34　地图的显示效果

　　③ 添加视频：使用"网页"组件可实现在原型中嵌入在线视频。

- 添加一个网页组件。（注意："网页"组件只能预览支持 HTTP 且允许被嵌入其他网站的网页。）
- 从网站中选择要置入的视频，单击视频下方的"分享"按钮，单击"复制通用代码"按钮，如图 5-35 所示。

图 5-35　复制通用代码

复制的代码为<iframe height=498 width=510 src='https://player.youku.com/embed/XNDU0MjMzOTIyMA=='
frameborder=0 'allowfullscreen'></iframe>，找出里面的视频地址：https://player.youku.com/embed/
XNDU0MjMzOTIyMA==。如果地址开头不是 https，则需要改为 https，然后双击"网页"组件粘贴这
个地址，如图 5-36 所示。

● 单击"预览"按钮，在预览页面中可看到视频播放效果，如图 5-37 所示。

图 5-36　粘贴地址

图 5-37　视频播放效果

2. 我的组件

"我的组件"面板在工作区右侧的元件栏中，它用于放置个人保存的组件，如图 5-38 所示。可以将
可能会复用的组件或组合添加到"我的组件"面板当中，便于制作时直接拖动使用。

"我的组件"是跟随账号的，因此无论是使用墨刀的客户端还是网页端，只要登录账号，就可以在
任何项目里使用里面的组件，从而提升设计效率。

创建"我的组件"有以下两种方式。

① 选中组件，单击鼠标右键，选择"添加组件素材到→我的组件"命令，如图 5-39 所示。

图 5-38　"我的组件"面板

图 5-39　创建"我的组件"

② 选中元素后，在"我的组件"面板中单击"新建组件"按钮，给组件设置名称，如图 5-40 所示。

图 5-40　新建组件

创建成功后，便可以通过双击或者拖动的方式进行使用，如图 5-41 所示。如果自定义的组件数量很多，还可以使用"搜索"功能来提升工作效率，如图 5-42 所示。

图 5-41　使用"我的组件"

图 5-42　搜索"我的组件"

3. 图标

（1）添加图标

"图标"面板在工作区右侧的元件栏中，打开"图标"面板后，可以通过搜索或分类查找的方式选用图标库中的开源图标，可以在"图标"面板设置图标的默认颜色及尺寸，如图 5-43 所示。

（2）下载图标

墨刀提供了下载内置图标的功能，下载格式为 SVG/PNG，目前最大支持 3 倍倍数导出，具体操作方式如下。

在工作区，选中需要下载的图标后，单击右下角的导出按钮即可保存 SVG/PNG 格式的图标到本地。如需批量下载 SVG 图标，可按住 Shift 键的同时用鼠标左键点选，多选完成后，单击导出按钮，

图 5-43　"图标"面板

如图 5-44 所示。

4. 母版

在画原型时或许会面临这样的问题：同一个组件（组合）在多个页面多处都会用到，后期修改时，想一次性修改所有这样的组件。此时就可以利用墨刀的母版进行同步修改。

墨刀支持将任何组件（无论是静态的还是动态的）转换成母版。

母版的特点是具备"继承性"：只要改动母版，那么它所有的实例都能同步更新改动。

（1）新建母版

选中组件，单击鼠标右键，选择"转换为母版"命令，命名。在该项目创建的所有母版都会存放在"母版"面板中，如图 5-45 所示。

图 5-44 下载图标

图 5-45 新建母版

（2）编辑母版

鼠标指针悬浮在母版缩略图上方，单击"…"在弹出的下拉菜单中再单击"编辑"选项，即可进入母版编辑界面。修改完成后，母版在该项目里所有的实例都会同步更新修改，如图 5-46 所示。

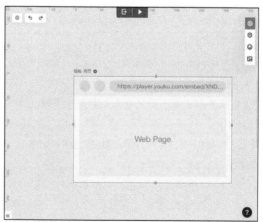

图 5-46 编辑母版

5.3.3 添加交互事件

1. 添加交互链接

第一种办法是选中组件，在"事件"面板单击"添加事件"按钮，如图 5-47 所示。

第二种办法是选中组件，然后拖动组件左边出现的闪电图标到目标页面，如图 5-48 所示。

图 5-47　添加交互链接方法 1

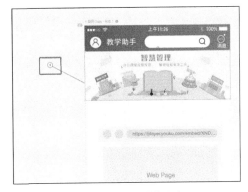

图 5-48　添加交互链接方法 2

如果想要删除某个链接，只需单击该链接上的剪刀图标，如图 5-49 所示。

2. 添加事件

① 全局事件：全局事件是对整个页面来说的，所以添加全局事件时不需要选中任何组件。单击整个页面，在右侧"全局事件"面板中进行事件的添加，如图 5-50 所示。

② 事件：事件是对所有组件来说的，需要选中某个组件之后，在右侧的"事件"面板中进行事件的添加，如图 5-51 所示。

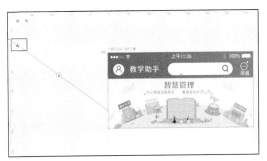

图 5-49　删除链接

图 5-50　添加全局事件

图 5-51　添加事件

全局事件可以使用"定时器"进行计时交互的操作。

3. 事件的触发分类

① 手指触发的事件包含单击、左滑、右滑、上滑、下滑、长按、双击和摇一摇等，如图 5-52 所示。

② 鼠标触发的事件包含单击、双击、长按、鼠标移入、鼠标移出和右键等，如图 5-53 所示。

4. 事件行为

事件行为包含跳转页面、跳转超链接、切换页面状态和切换组件状态 4 种，如图 5-54 所示。选择完行为动作后即可对相应的页面或者组件进行效果的设置，如图 5-55 所示。

图 5-52　手指触发事件

图 5-53　鼠标触发事件

图 5-54　事件行为

图 5-55　添加交互事件

5.3.4　演示分享

项目做好后如需分享给其他人查看，有如下两种操作方式。

① 在功能区单击"分享"按钮，复制"分享"面板中的链接发给对方即可。

② 在项目管理页选中项目，单击"更多分享"，复制"分享"面板中的链接发给对方即可，如图 5-56 所示。

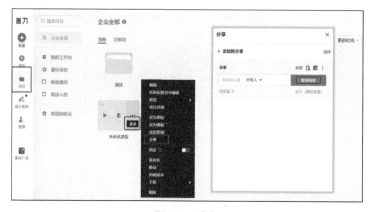

图 5-56　分享

1.分享时仅部分页面可见

用链接分享墨刀项目时，可以隐藏部分页面，不进行展示，具体设置如图 5-57 所示。

单击右上角的"分享"按钮，在面板中切换到"可见页面"选项卡，关闭"展示全部页面"选项，然后勾选需要分享出去的页面，设置完成后，复制链接即可。

2.重置分享链接

单击"分享"按钮，在"分享"面板中单击"重置"按钮即可让旧链接失效，生成新链接，如图 5-58 所示。

3.手机端离线演示的两种方式

（1）墨刀 App 离线演示

打开墨刀 App，打开需要离线演示的项目，调出"设置"面板，单击"开启离线"，如图 5-59 所示。

（2）安卓 APK 离线演示

在功能区中单击"下载"按钮，选择"安卓 APK"选项，将其下载到安卓设备上，如图 5-60 所示。

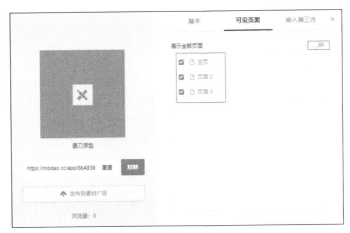

图 5-57　设置部分页面可见

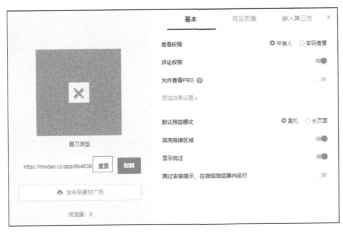

图 5-58　重置分享链接

图 5-59　墨刀 App 离线演示

图 5-60　安卓 APK 离线演示

4. 下载原型

下载原型：单击"下载"按钮，选择要下载的文件类型即可。

注意：墨刀是在线产品，数据存在云端，没有离线源文件，下载的文件均属于演示文件；如需跨设备编辑同一个原型，在新设备登录墨刀账号即可；如需给其他人项目源文件，可以通过企业项目转移的方式实现。

① 下载 HTML 文件并用浏览器将其打开，可以实现在电脑端离线演示项目。HTML 下载是付费功能，个人版付费用户和企业版付费用户均可下载 HTML 文件，免费版不支持下载 HTML 文件。

HTML 文件的具体使用步骤。

● 在电脑端的顶部工具栏，单击"下载"按钮，选择"离线演示包"。

● 下载完文件，解压文件，双击 index 文件即可用浏览器打开（建议用 Chrome 浏览器打开），如图 5-61 所示。

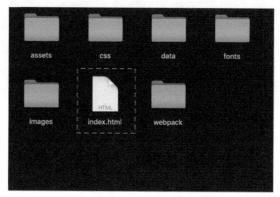

图 5-61   下载 HTML 离线演示文件

② 下载 PNG 格式的文件：在功能区单击"下载"按钮，即可选择下载 PNG 格式的文件。下载 PNG 格式的文件时可以选择下载当前页面或者打包下载所有页面，并且可以选择是否包含画布外元素，如图 5-62 所示。

5. 显示、隐藏项目边框

选中项目，单击"分享"按钮，在"分享"面板中可以设置是否显示项目边框；如需临时设置显示/隐藏项目边框，可以在运行界面左上角单击"设置"按钮来进行调整，如图 5-63 所示。

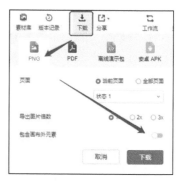

图 5-62   下载 PNG 格式的文件

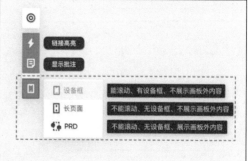

图 5-63   显示/隐藏项目边框

6. "PRD"模式

在"PRD"模式的工作区中，放置在画板外的元素也可以在运行预览时显示出来。这一模式在某种程度上将"画板"无限延展，可以在这一区域内放置想展示的任意内容，支持图片、文字、表格等格式。

（1）使用"PRD"模式

① 在编辑项目的时候，在工作区内正常制作（图 5-64 中绿色区域）；在工作区外，可以放置产品迭代记录表格、产品流程图等（图 5-64 中红色区域）。

② 项目编辑完成后，可以通过单击右上角的"分享"按钮，设置"允许查看 PRD"选项打开，且设置"默认预览模式"为"PRD"，如图 5-65 所示。

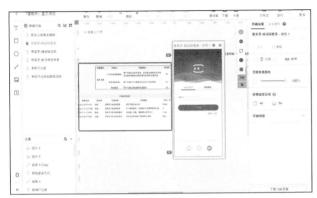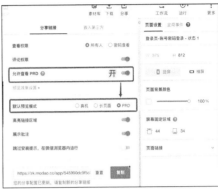

图 5-64　工作区外放置元素　　　　　　图 5-65　设置"允许查看 PRD"和"默认预览模式"

③ 设置好之后，将项目链接分享给其他同事，他们在获取链接后，就可以查看 PRD 的内容，如图 5-66 所示。

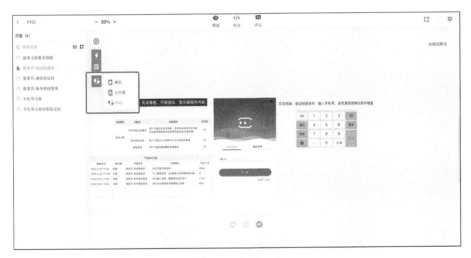

图 5-66　分享 PRD

（2）导出"PRD"模式的内容

在分享设置中，允许查看"PRD"模式，那么导出 HTML 时，可以将画板外的内容一起导出；导出 PNG 格式的文件功能，暂时还不支持将"PRD"内容一起导出。

（3）"长页面"模式

在项目中会遇到制作的页面高度超过"一屏"的情况。如果页面高度超过"一屏"，那么在运行的时候可以通过上下滚动来实现全页面的预览，但是上下滚动不利于用户了解页面全局分布。

为了更方便预览整个页面，墨刀提供了"长页面"模式，即"无设备框、不能滚动、不显示画板外内容"的模式，如图 5-67 所示。

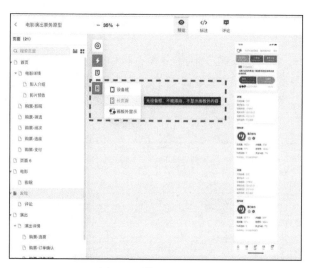

图 5-67 "长页面"模式

5.3.5 工具状态功能详解

在设计产品原型时，可能需要用到交互动画，状态功能就是墨刀里用于设计交互动画效果的功能，类似于 PPT 的动画功能和 Axure 的动态面板功能。

状态指一个组件在不同时间点所呈现的位置、大小、颜色等属性的变化。

1. 状态的分类

① 页面状态：基于页面设计，效果跟随页面，交互动画无法直接复用到其他页面。

② 组件状态：基于组件设计，效果跟随组件，交互动画能以复制组件的方式应用到其他页面。

2. 页面状态的基本操作

单击右上方的小圆圈，如图 5-68 所示，可以打开"页面状态"面板，可以看到有一个状态 1。单击"新建"按钮可以新建状态 2，新建的状态没有任何组件，如果想要在不同的状态中放置不同的组件，可以选择新建状态，如图 5-69 所示；也可以选择状态 1，单击"复制"按钮，复制出来的状态内容和状态 1 是一样的。如果对复制的状态的组件进行大小、位置等属性的修改，然后在状态 1 中添加一个点击交互效果，设置动效为"神奇移动"，就可以出现交互动画效果。所谓的"神奇移动"，是不同状态间同一个组件的平滑过渡效果。

图 5-68 "页面状态"面板

图 5-69 新建状态

如果有多个状态，需要对每个状态进行重命名操作，如图 5-70 所示，以方便后续选择相应的状态，单击某个状态然后拖动它就可以调整状态的顺序，如图 5-71 所示。

图 5-70　状态重命名

图 5-71　调整状态的顺序

如果希望修改某个状态里的组件时，同步修改其他状态里该组件的样式。如文字内容需要保持一致，那么选中修改后的组件，单击鼠标右键，选择"添加 / 替换到其他状态"命令，如图 5-72 所示。

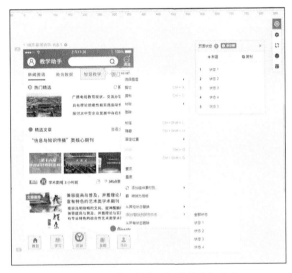

图 5-72　"添加 / 替换到其他状态"命令

删除某个状态里的组件，对其他状态里的该组件没有影响，不过在这个状态里该组件是灰色的。如果要恢复该组件，就选中该组件，单击鼠标右键，选择"从其他状态替换"命令，就可以将替换状态中的组件恢复到这个状态中。如果想从所有的状态中删除这个组件，选中组件后单击鼠标右键，选择"从所有状态删除"命令即可，如图 5-73 所示。

上面针对的是页面状态的使用，在实际原型设计中需要对页面的局部添加交互动画效果，并复用到其他页面中，这样页面状态就不适用了，因为页面状态效果跟随页面，所做的交互动画效果无法快速复用到其他页面，此时可以使用组件状态来实现。

图 5-73　删除状态中的组件

3. 组件状态的使用

组件状态的添加有如下两种方式。

第一种方式是选中组件，单击"添加组件状态"按钮，就可以为选中的组件添加组件状态，如图 5-74 所示。

第二种方式是将组件添加到"我的组件"中，然后在"我的组件"面板中找到该组件，单击"编辑"按钮，就可以为该组件添加组件状态，如图 5-75 所示。

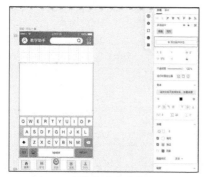

图 5-74　添加组件状态的方式 1

图 5-75　添加组件状态的方式 2

如果这个组件状态需要在多个地方用到，并且需要同步修改，可以将制作好的组件状态转换为母版，如图 5-76 所示。这样就可以在不同页面中复用同一个组件状态，并且在对母版进行修改编辑后，如图 5-77 所示，其他使用该母版的地方也会同步进行修改。

图 5-76　将组件状态转换为母版

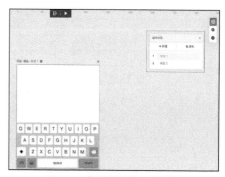

图 5-77　修改组件状态的母版

5.4　项目实施——移动端"教学助手" App 产品交互设计开发

借助墨刀，产品经理、设计师、开发人员、销售人员、运营人员及创业者等用户群体，能够搭建产品原型，演示项目效果。以下是使用墨刀开发项目过程中一些常见的交互功能的制作步骤。

5.4.1　制作底部导航栏切换效果

本小节设计和制作底部导航栏切换效果。

底部导航栏切换效果的原理是：利用墨刀组件状态，通过新建交互来切换状态，并根据相应的页面来实现底部导航组件状态的切换。底部导航栏切换效果如图 5-78 所示。

制作步骤如下。

1. 元件基础样式设置

① 使用元件库中的元件进行底部导航栏的制作，如图 5-79 所示。根据需要选择导航栏图片，如图 5-80 所示。

微课视频

墨刀高保真交互效果制作

微课视频

墨刀高保真状态功能讲解

图 5-78 底部导航栏切换效果

图 5-79 底部导航栏

图 5-80 替换图片

② 选中底部导航栏组件，在右侧的"外观"面板中单击"添加组件状态"按钮，如图 5-81 所示。

图 5-81 为底部导航栏组件添加组件状态

③ 进入组件状态编辑界面后，鼠标指针悬浮在状态 1 上，单击右边的"复制状态"按钮，如图 5-82 所示。

④ 底部导航栏是 5 个按钮的状态切换，复制状态 14 次，如图 5-83 所示。然后修改每个状态的名称，以方便后续对状态的选择，如图 5-84 所示。

⑤ 修改学习状态中的首页和学习的图标样式，如图 5-85 和图 5-86 所示。

图 5-82　"复制状态"按钮

图 5-83　复制状态

图 5-84　修改状态的名称

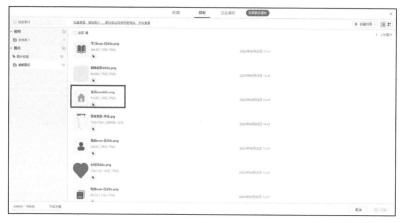

图 5-85　修改首页的图标样式

图 5-86　修改学习的图标样式

⑥ 修改完成后的学习状态下的导航栏样式如图 5-87
所示。

⑦ 因为首页导航菜单选中样式只需要在首页状态中
出现，而其他 4 个状态都不选中，所以需要对其他 4 个
状态的首页菜单进行修改，单击首页图标和文本，单击
鼠标右键，在快捷菜单中选择"添加 / 替换到其他状态"
命令，选中其他 3 个状态，如图 5-88 所示。

⑧ 按照相同的方法，修改其他 3 个状态的导航栏样
式，最终状态如图 5-89 所示。

图 5-87　学习状态下的导航栏样式

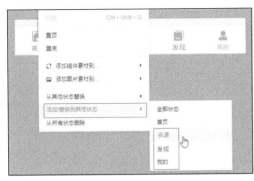

图 5-88 快速替换其他状态中元件的样式

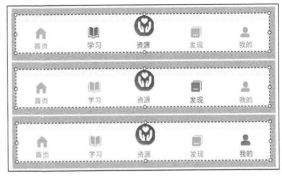

图 5-89 其他 3 个状态的导航栏样式

2.元件交互效果制作

① 给每个状态的导航栏按钮覆盖一个"链接区域"元件，如图 5-90 所示，效果如图 5-91 所示。

图 5-90 添加"链接区域"元件

图 5-91 覆盖"链接区域"元件后的样式

② 单击导航栏组件状态，单击鼠标右键，在快捷菜单中选择"转换为母版"命令，如图 5-92 所示，命名为"底部导航栏 Copy"，如图 5-93 所示。转换为母版后，组件状态的样式和交互链接有继承性，稍后设置链接时就不需要重复设置了。

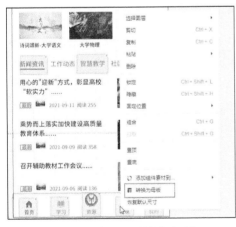

图 5-92 将底部导航栏转换为母版

图 5-93 母版命名

③ 双击进入导航栏母版编辑界面，选中首页的"链接区域"元件，拖动闪电图标，如图 5-94 所示，链接到"首页"页面。将后边 4 个"链接区域"元件也链接到相应的页面，进行交互跳转功能，状态 1 链接完成的效果如图 5-95 所示。用同样的方法，进行其他状态的交互链接。

④ 把设置好的导航栏母版，放在每个页面的下方，并且设置运行时固定在页面底部，如图 5-96 所示。

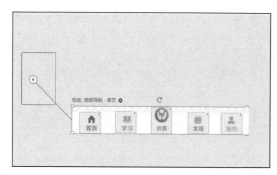

图 5-94　为"链接区域"元件添加交互链接

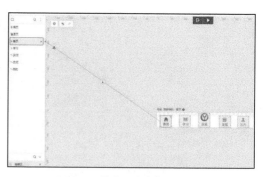

图 5-95　状态 1 链接完成的效果

图 5-96　调整母版位置

每个页面设置完成后，单击右上角的"运行"按钮，预览设置的交互效果：单击下方的导航栏菜单时，会进行导航栏上的高亮选择并显示不同的页面，如图 5-97 所示。

图 5-97　预览效果

5.4.2　制作 TAB 标签切换效果

本小节设计和制作 TAB 标签切换效果。在讲解具体操作前，先看一下 TAB 标签切换的运行效果：

运行时可以看到，TAB 标签会变色，TAB 标签下的指示条也会跟着移动，下边内容也跟着切换，如图 5-98 所示。该效果就是利用墨刀的状态切换功能，设置神奇移动效果来实现的。

图 5-98　TAB 标签切换效果

制作步骤如下。

1. 元件基础样式设置

① 在工作区中，对"新闻资讯"页面进行搭建，如图 5-99 所示。选中"新闻资讯"页面后，单击右侧元件栏中的"状态"按钮，如图 5-100 所示。

图 5-99　"新闻资讯"页面

图 5-100　添加页面状态

② 打开"页面状态"面板后，单击"新闻资讯"页面后边的"复制"按钮，复制一个新的页面状态，并改名为"智慧教学"，如图 5-101 所示。

③ 添加"智慧教学"页面后，因为这个页面是复制的"新闻资讯"，所

图 5-101　复制"新闻资讯"页面

以需要把"智慧教学"页面的内容修改一下。修改后的"智慧教学"页面如图 5-102 所示。

④ 在"智慧教学"页面中把"智慧教学"文本设置为蓝色选中样式，把"新闻资讯"文本设置为灰色不选中样式，把文本下边的指示条移动到"智慧教学"文本下，如图 5-103 所示。

⑤ 页面设置完成后，分别在"新闻资讯"页面和"智慧教学"页面中，在两个文本上放入一个"链接区域"元件，设置尺寸覆盖文本单击的区域，用来制作交互效果。

2. 元件交互效果设置

① 在"新闻资讯"页面选中"智慧教学"文字上方的"链接区域"元件，拖动闪电图标到"页面状态"面板的"智慧教学"状态上，如图 5-104 所示。

同样，在"智慧教学"页面中，选择"新闻资讯"文字上的"链接区域"元件，拖动闪电图标到"新闻资讯"状态上，如图 5-105 所示。

② 在右侧的"事件"面板中，可以看到交互事件的详细设置，如图 5-106 所示。

图 5-102　"智慧教学"页面

图 5-103　调整 TAB 标签样式

图 5-104　"智慧教学"链接交互

图 5-105　"新闻资讯"链接交互

图 5-106　交互事件设置面板

设置完成后，单击墨刀右上角的"运行"按钮进行预览，查看设置的交互效果，切换 TAB 标签时可以看到指示条的移动和标签的切换效果，如图 5-107 所示。

图 5-107　预览效果

5.4.3　制作点赞效果

本小节设计和制作点赞效果。在讲解具体操作前，先看一下点赞效果，如图 5-108 所示，在点赞时爱心会变成红色，并跳动一下，再次点击就会取消点赞。该效果是利用墨刀工具的状态切换功能，设置元件的动效来实现的。

制作步骤如下。

1. 元件基础样式设置

① 在工作区中设置好需要的点赞图片和文本说明，如图 5-109 所示。设置完成后把这两个元件全部选中，然后在右侧的"外观"面板中单击"添加组件状态"按钮，如图 5-110 所示。

② 进入组件状态编辑界面后，可以看到两个状态，如图 5-111 所示。在状态 2 中设置点赞后的效果，把点赞图片修改为红色的心形图片，文字点赞内容数量增加 1，如图 5-112 所示。

③ 为点赞图片设置动效，在状态 2 中选中心形图片，在右侧的"外观"面板上，打开"动效"下拉列表，选择"橡皮筋"效果，如图 5-113 所示。

图 5-108　点赞效果

图 5-109　点赞图片和文本说明

图 5-110　"添加组件状态"按钮

图 5-111　组件状态编辑界面

图 5-112　编辑状态 2 中的点赞样式

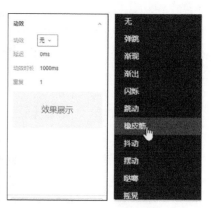

图 5-113　点赞动效设置

2.元件交互效果设置

样式设置完成后，就可以添加交互效果了。在组件状态编辑界面中，设置点赞图片交互链接到状态 2，如图 5-114 所示。在状态 2 中，设置点赞图片交互链接到状态 1，如图 5-115 所示。这样点赞和取消点赞效果就制作完成了。

图 5-114　点赞交互链接设置

图 5-115　取消点赞交互链接设置

设置完成后，单击右上角的"运行"按钮进行点赞和取消点赞效果的预览，如图 5-116 所示。

图 5-116　点赞和取消点赞效果

5.4.4 制作图片左右滚动效果

本小节设计和制作图片左右滚动效果。当一行的内容无法一次性全部显示时，可以通过左右滑动鼠标来显示未显示的内容，如图 5-117 所示。该效果是利用墨刀工具的组件状态来实现的。

制作步骤如下。

① 在墨刀工作区中放入一些元件，元件需要超出页面的宽度，如图 5-118 所示。设置完后选中全部元件，在右侧"外观"面板中单击"添加组件状态"按钮，如图 5-119 所示。

② 进入组件状态编辑界面，有两个状态，如图 5-120 所示。我们不需要对组件状态做其他的调整，退出组件状态编辑界面后，单击这个组件，然后调整组件的宽度。可以看到当组件的宽度调小后，里面的内容会只显示组件宽度内的内容，如图 5-121 所示。

设置完成后单击右上角的"运行"按钮，预览图片左右滚动显示的效果，如图 5-122 所示。

图 5-117 图片左右滚动效果

图 5-118 设置元件

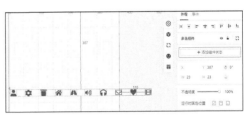

图 5-119 "添加组件状态"按钮

图 5-120 组件状态

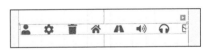

图 5-121 调整组件的宽度

 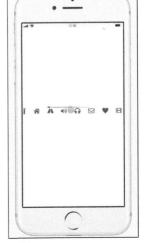

图 5-122 预览效果

5.5　项目小结

本项目介绍了墨刀原型设计工具的基础知识，包括软件的使用方法、面板及工具的使用方式。其中，本项目着重介绍了软件中的状态功能，墨刀中的状态功能是整个软件中非常重要的部分，可以帮助用户制作很多交互效果。想要使用墨刀软件制作原型，必须熟练掌握状态功能的用法。

5.6　素养拓展小课堂

在众多原型设计工具中，国产原型设计软件——墨刀具有很多优点，墨刀的特点体现出了国产原型设计工具方便、快捷、高效的设计定位，增强了用户的民族自豪感和对国家的自信心。

同时，本项目采用实际素养拓展素材为原型，进行原型交互效果实现，培养学生爱岗、敬业的社会主义核心价值观。

5.7　巩固与拓展

本项目主要介绍了墨刀原型设计工具组件、素材和母版的使用，交互功能的添加，以及状态功能。在实际的市场产品设计中，App 交互设计的组件使用以及功能操作都是完整设计的基础，最终根据实际项目需求通过一个个基础效果的叠加完成完整的 App 产品。因此，请同学们搜集新的交互效果案例，思考其中交互实现的方法，并通过自主学习，不断提高使用墨刀的能力。

5.8 习题

一、单选题

1. 墨刀是一款（　　）工具。

A. 草图设计　　　　　　B. 离线原型设计　　　　C. 线框图设计　　　　　D. 在线原型设计与协同

2. 下面关于墨刀的描述，错误的是（　　）。

A. 墨刀是一款位图编辑设计软件。

B. 墨刀是一款在线原型设计与协同工具。

C. 墨刀是协作平台，项目成员可以协作编辑、审阅。

D. 墨刀具有真机设备边框、沉浸感全屏、离线模式等多种演示模式。

3. 以下对墨刀功能的介绍，错误的是（　　）。

A. 操作简单：简单拖动和设置，即可将想法、创意变成产品原型

B. 团队协作：与同事共同编辑原型，效率提升；一键分享发送给别人，分享便捷；还可在原型上打点、评论，收集反馈意见，高效协作

C. 交互简单：简单拖动就可实现页面跳转，还可通过"交互"面板实现复杂交互，具有多种转场效果，可以实现各种交互效果

D. 素材库：内置丰富的行业素材库，也可以创建自己的素材库、共享团队组件库，实现高频素材直接复用

二、多选题

1. 下列（　　）是常用的原型制作工具。

A. 墨刀　　　　　　　　B. PowerPoint　　　　　C. InDesign　　　　　　D. Axure

2. 状态指一个组件在不同时间点所呈现的（　　）等属性的变化。

A. 位置　　　　　　　　B. 显示、隐藏　　　　　C. 大小　　　　　　　　D. 颜色

3. 下列对页面状态和组件状态描述正确的有（　　）。

A. 页面状态：基于页面设计，效果跟随页面，交互动画无法直接复用到其他页面

B. 页面状态：基于页面设计，效果跟随页面，交互动画可以直接复用到其他页面

C. 组件状态：基于组件设计，效果跟随组件，交互动画不能以复制组件的方式应用到其他页面

D. 组件状态：基于组件设计，效果跟随组件，交互动画能以复制组件的方式应用到其他页面

4. 下列选项中，属于墨刀内置组件的有（　　）。

A. 轮播图　　　　　　　B. 网页　　　　　　　　C. 视频　　　　　　　　D. 下拉菜单

项目 **6**

移动端 "茶物语"
App 产品交互设计开发

本项目主要介绍 Web 端交互 UI 设计的相关理论知识,包括交互元素的设计规范、Web 端 UI 设计的类型、Web 端常用的交互组件及示例分析,着重讲解网页布局设计理论以及常见的布局设计。对于"为什么要这样进行设计"的问题,读者可以从本项目中找到答案。

学习目标

知识目标
- 了解高保真原型交互设计的意义;掌握 App 交互原型设计的设计理念与动画制作规范。

能力目标
- 具有界面与元素在 App 高保真设计中的合成方法的能力;具有应用 AdobeXD 独立完成 App 端高保真交互设计产品的能力。

素质目标
- 具有热爱生活、服务社会的理念;具有宣传中国传统文化的社会责任感和使命感。

6.1 移动端 "茶物语" App 产品交互 设计开发项目背景分析

茶饮行业是一个利润比较高的行业,当代年轻人在上班、逛街或者出去玩时,都钟爱喝一杯奶茶。如今奶茶店在很多一线城市里面"遍地开花",开发一款奶茶 App 能够让茶饮店铺在市场中取得一定主动权。

6.2 移动端 "茶物语" App 产品交互 设计开发项目需求分析

移动端 "茶物语" App 产品交互设计开发项目主要从目标用户、运行环境、产品特点、功能需求等方面进行分析。

1. 目标用户

广大奶茶爱好者。

2. 运行环境

安卓移动端。

3. 产品特点

① 更方便：消费者可以通过在软件上面下单自己心仪的奶茶，相比传统行业需要到店消费的方式，提供了更多的便利性。

② 提高回头率：奶茶 App 可以通过各种促销活动，提高用户的回头率。

③ 更加灵活：如果商家有多家奶茶门店，那奶茶 App 可以帮助商家同步各个门店的用户信息，更加灵活。

4. 功能需求

① 奶茶推荐：无论是新品上架，还是用户习惯，App 都能够在第一时间为用户进行推荐。

② 奶茶分类：为用户提供专门的在线分类功能，将不同类型的奶茶进行分类，以便用户方便地获取自己想要的奶茶。

③ 奶茶评价：当用户品尝奶茶之后，便可以对该奶茶进行相应的评价，每一个评价都能够为其他用户提供参考。

④ 促销活动：商家可以定期举办促销活动，不仅可以制订营销策略，还可以清理库存商品。

⑤ 优惠券：商家可以发出折扣或者满减的优惠券，并设置优惠券适用的奶茶，吸引消费者来抢优惠券的同时提高下单率。

⑥ 扫码点餐：App 具备扫码点餐的功能，用以支持线下消费时用户能够快速点餐，既可以节省人力成本，还可以引流线下用户到线上购买，减少更多的人力成本。

⑦ 订单配送：只要在线下单之后，系统就会自动生成相应的订单，让用户能够实时关注配送情况。

⑧ 会员功能：与传统会员服务不同的是，线上会员能够提供更加全面、精准的会员服务。

⑨ 个人中心：消费者在个人中心可以查看自己的消费记录和消费积分，也可以查看自己拥有的优惠券的信息。

6.3 Adobe XD 概述

Adobe XD 是一款集视觉设计、交互设计、原型制作、共享功能于一体的协作式跨平台设计软件，在这款软件上用户可进行移动应用和网页设计与原型制作。

6.3.1 Adobe XD 的基础操作

当启动这个软件时，欢迎界面会提供不同标准屏幕尺寸模板以及用户自己设定的文件尺寸模板。此外，欢迎界面还包含很多可以访问的资源，通过这些资源用户可以进一步学习 Adobe XD 工具的使用方法。

微课视频

Adobe XD 的基础
操作和基本工具

1. 新建、打开和保存文件

打开 Adobe XD 的菜单，选择"新建"命令，即可新建一个 Adobe XD 文件，如图 6-1 所示。选择"保存"命令，即可保存 Adobe XD 文件，如图 6-2 所示。

选择"打开"命令，如图 6-3 所示，即可打开 Adobe XD 文件。双击 Adobe XD 文件的图标，也可打开该 Adobe XD 文件。

在"主页"屏幕中选择一个预设尺寸，进入工作界面即是创建好的新文件。也可以自定义文件的大小，然后按 Enter 键完成新建文件操作。

在工作界面顶端中间，可以看到文件名称和三角形图标，如图 6-4 所示。

单击三角形图标，弹出"重命名您的文档"对话框，如图 6-5 所示，在此对话框中可重新为文件命名。

图 6-1　新建文件

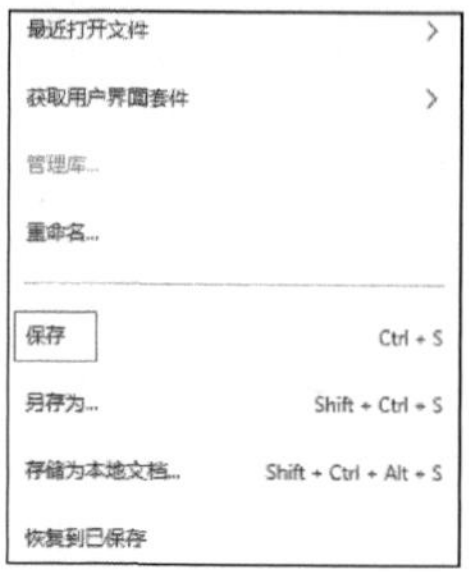

图 6-2　保存文件

图 6-3　打开文件

图 6-4　文件名称

2. 画板

画板通常是设计师为移动端应用程序或网站设计的界面。一个 Adobe XD 文件中可以包含多个画板，如图 6-6 所示。

（1）创建画板

首次创建项目或文件时，可以在"主页"屏幕中选择一项预设来决定画板的大小。如果想要指定画板的大小，可以选择"自定义大小"选项，设置完成后进入工作界面，如图 6-7 所示。

图 6-5　重命名文件

图 6-6　一个文件中的多个画板

图 6-7　设置画板尺寸

还可以选择"画板"工具，然后单击右侧属性面板上的任一画板，如图6-8所示。选择的画板将出现在工作界面中，这样可以添加更多的画板到现有文档中。

（2）复制画板

按住 Alt 键的同时拖动一个画板，可以进行画板的复制操作，如图6-9所示。

或者选择需要复制的画板，单击鼠标右键，在弹出的快捷菜单中选择"复制"命令，随后在需要的位置再次单击鼠标右键，在弹出的快捷菜单选择"粘贴"命令，如图6-10所示。

（3）调整画板大小

图 6-8　画板预设

单击画板，使用出现在边缘上的圆形手柄可以调整画板的大小。

图 6-9　复制画板 1

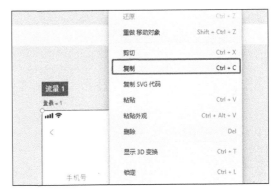

图 6-10　复制画板 2

（4）重命名画板

Adobe XD 默认情况下会根据选择的预设对画板命名，并按顺序给画布编号。想要为画板指定名称，可以双击画板标题并输入新的名称，如图6-11所示。

也可以在图层面板中重命名画板，双击或右击画板标题并选择"重命名"命令，输入新名称，如图6-12所示。

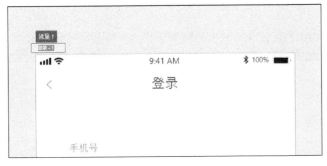

图 6-11　重命名画板 1

图 6-12　重命名画板 2

3. 导入对象

在 Adobe XD 中，我们可以将其他资源导入工作区，进一步改进这些资源，最后使用其开发交互式原型；也可以在 Adobe XD 中打开其他资源，改进或添加交互链接后储存为 Adobe XD 文件。

使用"打开"命令，可以将 Photoshop 和 Illustrator 文件转换为 Adobe XD 文件。使用"导入"功能，可以把这些文件内容添加到现有的 Adobe XD 文件中。

（1）在 Adobe XD 中打开 Photoshop 文件

可以直接在 Adobe XD 中打开 Photoshop 文件，并将其转换为 Adobe XD 文件。打开 Photoshop 文件后，可以在 Adobe XD 中进行编辑，通过连线构建交互，并以原型或设计规范的形式进行共享。在菜单中选择"打开"命令，找到所需的文件夹并选择".psd"文件，然后单击"打开"按钮，如图 6-13 所示。

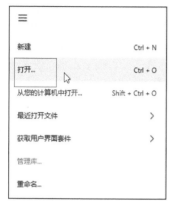
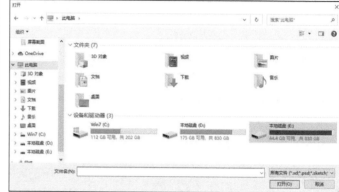

图 6-13　在 Adobe XD 中打开 Photoshop 文件

（2）将 Photoshop 文件导入 Adobe XD

在菜单中选择"导入"命令，可以将 Photoshop 文件导入 Adobe XD。如果导入的 Photoshop 文件有画板，这些画板将被放在 Adobe XD 画板之下。如果 Adobe XD 画板下方没有空间，则导入的画板将被放在可用空间中。如果导入的 Photoshop 文件没有画板，其资源将被放在画布的中心，如图 6-14 所示。

图 6-14　将 Photoshop 文件导入 Adobe XD

使用相同的方法，可以在 Adobe XD 中打开 Sketch 和 Illustrator 文件。也可以使用相同的方法，在 Adobe XD 中导入 PNG、JPEG、TIFF、GIF 或 SVG 文件。

4. 画布中关于对象的操作

可以通过单击和框选两种方式来选择对象。选择对象后可以对其进行调整、旋转、复制、编组和锁定等操作。

（1）选择对象

先将一个对象与其周围的对象区分开来，然后选择该对象，在选择对象或者对象的一部分后，才可以根据需要对其进行编辑操作。

选择"选择"工具，单击对象或对象组将其选择，如图 6-15 所示。使用"选择"工具在对象周围绘制选框，或按住 Shift 键再连续单击对象可选择多个对象，如图 6-16 所示。

图 6-15　单击选择对象

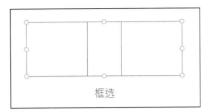

图 6-16　框选多个对象

（2）调整对象

选择对象或对象组时，对象或者对象组的边界框会出现圆形手柄，向任意方向拖动这些手柄可调整对象或对象组的大小，如图 6-17 所示。

在属性面板中单击锁定图标，可以在调整对象大小时锁定对象的宽高比，如图 6-18 所示。

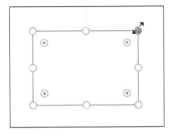

图 6-17　调整对象的大小

图 6-18　锁定宽高比

（3）旋转对象

选择对象或对象组，将鼠标指针悬停在圆形手柄上，然后将鼠标指针略微移动到手柄外部，可看到旋转图标。在看到旋转图标时，朝所需方向拖动手柄即可旋转对象或对象组，如图 6-19 所示。

也可以在属性面板中对对象进行旋转设置，不过在属性面板中设置的是具体旋转值，如图 6-20 所示。

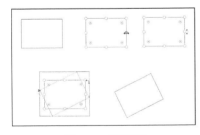

图 6-19　旋转对象

图 6-20　设置旋转值

（4）复制对象

选择一个或多个对象，按住 Alt 键并拖动所选对象即可复制该对象；也可以通过单击鼠标右键，在弹出的快捷菜单中选择"复制"命令来复制对象，如图 6-21 所示。

（5）粘贴对象

可以选择一个对象或一个对象组，按快捷键 Ctrl+C 进行复制，然后按快捷键 Ctrl+V 将其粘贴到多个画板上。粘贴时，Adobe XD 可以智能地将对象放置在与原始对象相同的位置上。

还可以复制对象样式，并将该样式粘贴到项目中的其他对象或文本元素上。复制对象后，选择需要粘贴样式的对象并单击鼠标右键，在弹出的快捷菜单中选择"粘贴外观"命令，这时只会粘贴对象的样式，如图 6-22 所示。

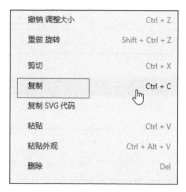

图 6-21　复制对象

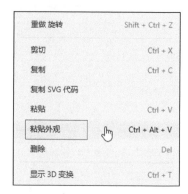

图 6-22　粘贴对象的样式

（6）编组对象

可以将若干个对象编入一个组中，把这些对象作为一个单元进行处理，这样就可以同时移动或变换一组对象，且不会影响其属性或相对位置。

将徽标设计中的所有对象选中，单击鼠标右键后，在弹出的快捷菜单中选择"组"命令，将其编成一组作为一个单元进行移动和缩放，如图 6-23 所示。可以取消编组，重新获取对单个组成部分的编辑控制权。

还可以编辑组内所有对象的填充和笔触属性，以及嵌套组，即将组编入其他对象或组中，进而组成更大的组。

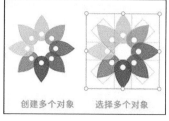

图 6-23　编组对象

通常情况下，只需要单击一个对象即可将其选中。如果对象属于一个组，当单击该对象时会选择整个组。要在多个组中选择对象，可按住 Ctrl+Shift 组合键并单击，将对象添加到所选内容中，而不影响它们所属的组。选择后，可以在属性面板中轻松更改属性，如分组、锁定、切换可见性等。

（7）锁定对象和解锁对象

锁定对象可以防止对象被选择和编辑。选择对象，然后单击鼠标右键，从弹出的快捷菜单中选择"锁定"命令，即可将对象锁定。

如果锁定了一个对象，当选择它时会出现锁定图标，如图 6-24 所示。要解锁对象，可以选择它们并单击锁定图标，或者单击鼠标右键，在弹出的快捷菜单中选择"解锁"命令，如图 6-25 所示。

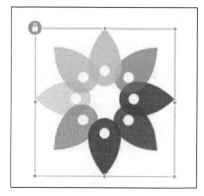

图 6-24　锁定图标

图 6-25　解锁对象

（8）翻转对象

使用翻转功能可以翻转对象，以便在设计画布上实现更快速、更精确的设计。我们可以在属性面板中，为对象快速进行垂直翻转和水平翻转的设置，如图 6-26 所示。

（9）移动对象

使用"选择"工具拖动选择的对象，可实现对对象的移动操作，也可以按键盘上的箭头键来移动对象，还可以在属性面板中输入精确的值来移动对象，如图 6-27 所示。

图 6-26　水平翻转和垂直翻转

按 Shift 键可以约束一个或多个对象的移动，使其沿着当前 x 轴或 y 轴的方向移动，如图 6-28 所示。

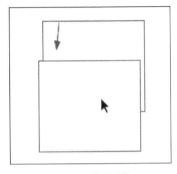

图 6-27　移动对象

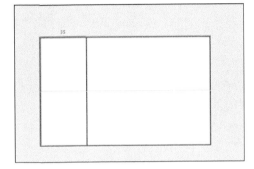

图 6-28　按 Shift 键约束对象移动

（10）对齐对象和分布对象

使用对齐功能，可以将选定的对象沿水平或垂直方向对齐到选区或画板。

对象的对齐操作是根据对象之间的相对位置进行分布或排列的。选择要对齐的所有对象，在属性面板中单击任意对齐选项，这时选择的对象将按照单击的对齐方式进行排列或分布。

对齐选项包括顶对齐、居中（垂直）对齐、底对齐、左对齐、居中（水平）对齐、右对齐、水平分布和垂直分布，图 6-29 所示为对齐选项的操作展示。

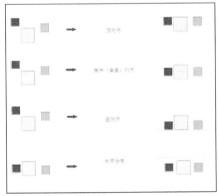
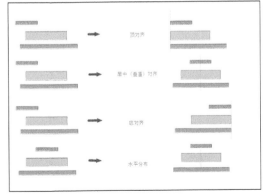

图 6-29　对齐选项的操作展示

（11）排列对象

Adobe XD 从绘制的第一个对象开始会依次堆积所绘制的对象。可以使用图层面板在不同图层中选择、排列和移动对象。还可以在工作界面选择一个对象，单击鼠标右键，然后在弹出的快捷菜单中选择"排列→置为顶层"命令，如图 6-30 所示。

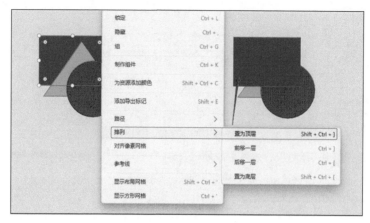

图 6-30　排列对象

6.3.2　Adobe XD 的基本工具

Adobe XD 工具栏中具有如下工具。

1. "选择" 工具

"选择" 工具是 Adobe XD 工具栏中的第 1 个工具，在大多数情况下默认选择 "选择" 工具，可以通过单击工具栏中的指针图标，或者直接按键盘上的 V 键激活 "选择" 工具，如图 6-31 所示。

激活 "选择" 工具后，在画布上单击任意元素即可选择该元素，如图 6-32 所示，可对选择的元素进行移动、缩放和旋转等操作。按住键盘上的 Shift 键，可以同时选择多个图层。

图 6-31　激活 "选择" 工具

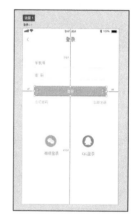

图 6-32　选择元素

2. "矩形" 工具

"矩形" 工具是 Adobe XD 工具栏中的第 2 个工具，可以通过单击工具栏中的矩形图标，或者直接按键盘上的 R 键激活 "矩形" 工具，如图 6-33 所示。

激活 "矩形" 工具后，在画板上按住鼠标左键并拖动可绘制一个矩形，按住键盘上的 Shift 键，同时拖动鼠标可绘制正方形，如图 6-34 所示。在 Adobe XD 中默认的填充色为纯白色。

绘制的矩形 4 个角上分别会出现一个圆点符号，可以通过拖动任意一个角的圆点符号，设置矩形的圆角半径，如图 6-35 所示。

按住 Option 键（macOS）或者 Alt 键（Windows）并拖动与该角对应的圆点符号可以只改变该角的圆角半径，如图 6-36 所示。

图 6-33　激活“矩形”工具

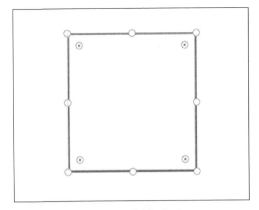

图 6-34　绘制正方形

绘制好矩形后，可以通过属性面板设置其属性，如图 6-37 所示。属性面板用来设置元素的对齐、变换以及样式等。

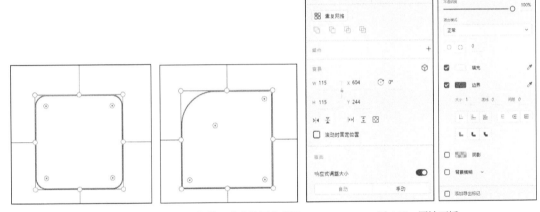

图 6-35　设置矩形的圆角半径　图 6-36　调整一个角的圆角半径　　　　图 6-37　属性面板

3．“椭圆”工具

“椭圆”工具是 Adobe XD 工具栏中的第 3 个工具，可以通过直接单击工具栏中的椭圆图标，或者直接按键盘上的 E 键激活“椭圆”工具，如图 6-38 所示。

激活“椭圆”工具后，在画布上按住鼠标左键并拖动鼠标可绘制椭圆，按住键盘上的 Shift 键则可以绘制圆，如图 6-39 所示。

4．“多边形”工具

“多边形”工具是 Adobe XD 工具栏中的第 4 个工具，可以通过直接单击工具栏中

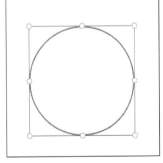

图 6-38　激活“椭圆”工具　　　图 6-39　绘制圆形

的三角形图标，或者直接按键盘上的 Y 键激活“多边形”工具，如图 6-40 所示。

激活“多边形”工具后，在画布上按住鼠标左键并拖动鼠标可绘制多边形，按住键盘上的 Shift 键可绘制等边多边形，如图 6-41 所示。

在元素的属性面板中，“外观”属性可以设置“多边形”的“角个数”“圆角半径”“星形比”，如图 6-42 所示。

图 6-40　激活"多边形"工具

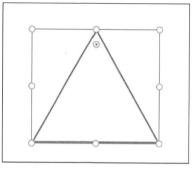

图 6-41　绘制等边多边形

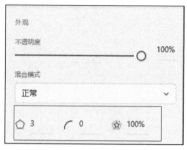

图 6-42　设置多边形属性

图 6-43　激活"直线"工具

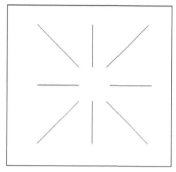

图 6-44　绘制直线段

5. "直线"工具

"直线"工具是 Adobe XD 工具栏中的第 5 个工具，可以单击工具栏上的直线段图标，或者直接按键盘上的 L 键激活"直线"工具，如图 6-43 所示。

使用"直线"工具绘制直线段时，首先在画布上单击以确定直线段的起点，然后按住鼠标左键并拖动鼠标，在终点处释放鼠标左键，即可绘制出一条直线段。如果在绘制直线段的同时按住 Shift 键，可以以固定的角度绘制直线段；如果鼠标从左往右拖动，则在水平方向绘制；如果是上下拖动，则绘制出一条垂直线；如果是往左上、右上、左下、右下等方向拖动，则会在 45° 的方向绘制直线段，如图 6-44 所示。

6. "钢笔"工具

"钢笔"工具是 Adobe XD 工具栏中的第 6 个工具，可以用该工具绘制各种路径。可以单击工具栏上的钢笔图标，或者直接按键盘上的 P 键激活"钢笔"工具，如图 6-45 所示。

激活"钢笔"工具，在画板上单击，创建一个锚点，然后将鼠标指针移动到另一个位置并单击，创建另一个锚点，这时两个锚点之间会自动出现一条直线段路径，此时可以再移动鼠标指针添加第 3 个锚点，则第 3 个锚点和第 2 个锚点之间也会出现一条直线段路径，如图 6-46 所示。在起点处单击，然后将鼠标指针移动至需要的位置，再按住鼠标左键并拖动，即可在两个锚点之间绘制曲线。

图 6-45　激活"钢笔"工具

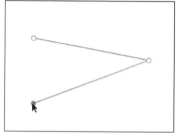

图 6-46　使用"钢笔"工具

7. "文本"工具

"文本"工具是 Adobe XD 工具栏中的第 7 个工具，使用该工具在画板中单击即可创建文本。可以单击工具栏上的 T 字图标，或者直接按键盘上的 T 键激活"文本"工具，如图 6-47 所示。

选择"文本"工具，默认情况下是单行文本，不换行。如果想强制换行，需要按 Enter 键。

创建区域文本需要在选择"文本"工具后按住鼠标左键拖动创建一个文本框，如图 6-48 所示。这时当文本达到区域框的宽度后会自动换行。按 Esc 键可退出文本编辑。

单击文本，在属性面板中指定文本类型、字体大小和文本对齐方式。还可以选择文本块中的单个单词或字符，为其单独设置文本格式。

可使用属性面板中的"段落间距"选项更改段落间距，根据需要填写间距值。图 6-49 所示为属性面板中关于文本的参数设置。

图 6-47　激活"文本"工具

图 6-48　文本框

图 6-49　文本的参数设置

8.图层面板

单击左下角的"图层"按钮，可以查看图层面板。

单击任意画板中的对象，会显示所选画板中所有元素的图层。图层的显示顺序是从上到下排列的，可以快速地对图层进行重新排序、重命名、显示/隐藏和锁定/解锁等操作。

默认情况下，项目中的每个对象均位于自己的图层上。例如，绘制一个矩形时，Adobe XD 将会为此矩形创建一个新图层，图层名称默认为"矩形 1"。在绘制另一个矩形时，将创建一个名称默认为"矩形 2"的单独的图层，如图 6-50 所示。

图 6-50　图层面板

在面板上为对象编组时，已编组的对象也会在图层面板中编组。在使用布尔运算组合对象时，组合对象的多个图层将被合并为一个图层且名称会被替换，被替换的图层名称就是执行的布尔运算选项的名称。

9.资源面板

单击左下角的"库"按钮，会展示文件中的所有资源，包括颜色、字符样式和组件，在资源面板中的各个资源可以在文件的各个位置使用，大大地提高了设计效率，如图 6-51 所示。

单击任意画板中的对象，然后在左侧资源面板中单击资源分类中右侧的加号按钮，即可把画板中对应的资源属性添加到资源面板中，如图 6-52 所示。使用鼠标右键单击需要删除的资源，然后选择"删除"命令即可把该资源删除。

添加的组件可以作为资源存在画板中，当调整主要组件的样式时，使用该组件样式的任意位置也会进行相应修改，如图 6-53 所示。

图 6-51　资源面板

图 6-52　添加资源

图 6-53　编辑主要组件

10. 布尔运算

Adobe XD 的布尔运算工具组包含添加、减去、交叉、排除重叠工具。使用布尔运算工具，可以将简单的形状组合产生新的形状。它仅适用于多个形状，单独选择某个形状时无法使用，当选择多个形状后布尔运算就可以使用了。布尔运算使用效果如图 6-54 所示。

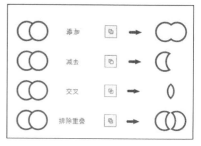

图 6-54　布尔运算使用效果

11. 使用蒙版

蒙版用于隐藏 Adobe XD 文件中的部分内容，例如隐藏大图片的部分内容，用于制作标题等。蒙版有两种使用方法。

（1）将图片拖到形状中

在刚开始没有图片的时候，为图片设计某种形状，例如圆形头像，就可以直接将图片拖到这个形状中。图片会自动适配该形状，位于形状边界之外的部分将会被隐藏或遮盖。

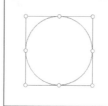

图 6-55　将图片拖到形状中

将图片从文件夹拖到 XD 文件对应的形状中，形状高亮显示后，松开鼠标左键，图片就会被置于该形状中，如图 6-55 所示。

选择形状，拖动边框上的点可以调整形状及其中图片的大小，如图 6-56 所示。

图 6-56　调整形状及其中图片的大小

> 提示：要替换形状中的图片，可直接将其他图片从文件夹拖动到该形状中，新的图片会自动适配形状的大小。要编辑形状中的内容，双击形状以选择其中的内容，然后即可对内容进行各种调整，如图 6-57 所示。

图 6-57　编辑形状中的内容

（2）将某个形状作为蒙版遮盖图片中的内容

把用作蒙版的形状拖动或放置在要保留的内容上，形状以外的内容会被遮盖或隐藏。同时选中图片和形状（蒙版），如图 6-58 所示，选择"对象→形状蒙版"（macOS），或者用鼠标右键单击所选内容，然后选择"带有形状的蒙版"命令（Windows）命令，如图 6-59 所示。

图 6-58　形状蒙版遮盖图片

图 6-59　"带有形状的蒙版"命令

12. 创建重复元素

在进行 UI 或者原型设计时，通常需要定义重复元素或内容列表，由于创建这些元素十分耗时耗力，于是就有了"重复网格"这个功能。

重复网格功能可以将一个或一组元素更改为一个重复元素，向任意方向拉伸元素时，元素就会重复出现。在修改某个元素的样式时，网格中的所有元素都将更改。

如果网格中有一个文本元素，则仅复制该文本元素的样式，而不复制内容。因此可以快速设置文本元素的样式，同时保持网格元素中的内容有所不同。

可以通过将写好的文本文件拖到重复网格中来替换该网格中的占位符文本。

（1）创建重复网格

重复网格的核心是一种特殊类型的组。可以选择一个对象或一组对象然后将其转换为重复网格。

选择想要转换为重复网格的图像缩略图和文本组合，单击属性面板上的"重复网格"按钮，如图 6-60 所示，即可将其转换为重复网格。元素边界上将显示重复手柄，如图 6-61 所示。

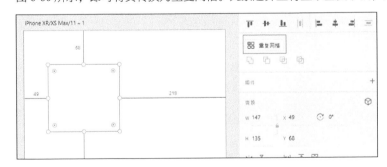

图 6-60　"重复网格"按钮

图 6-61　重复手柄

拖动元素底部的手柄，可以令重复网格的元素垂直，如图 6-62 所示。拖动元素右侧的手柄，可以令重复网格中的元素水平，如图 6-63 所示。选择要编辑的网格并双击，可进入编辑模式。如果想要取消网格元素的编组并单独处理它们，需要单击属性面板中的"取消网格编组"按钮。

（2）处理重复网格中的文本

可以更新重复网格中的各个文本对象，也可以将预先编辑好的文档拖至重复网格中，并让文本文件的内容自动填充为重复网格中的文本对象。

图 6-62　拖动元素底部的手柄

图 6-63　拖动元素右侧的手柄

如果想要调整网格中两个元素之间的空白区域，可以将鼠标指针悬停在元素的间隙上。当鼠标指针变为双箭头时，可向任意方向拖动来增大或减小空白区域，如图 6-64 所示。

图 6-64　调整重复网格元素的间距

13. 设置描边、填充、投影和模糊

（1）设置纯色填充

选择需要填充的对象，在属性面板中单击"填充"选项的矩形色卡，此时工作界面会出现"拾色器"对话框，如图 6-65 所示。在"拾色器"对话框中选择一个颜色作为对象的填充颜色，可以在"拾色器"对话框中将使用的颜色保存为色板，供以后重复使用。单击"拾色器"对话框底部的"+"按钮即可把颜色保存为色板。

（2）创建渐变颜色

渐变是指两种或多种颜色之间或同一颜色的不同色调之间的渐变混合。Adobe XD 可支持线性渐变和径向渐变。

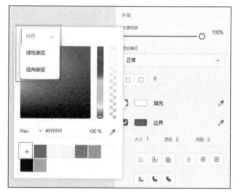

图 6-65　"拾色器"对话框

要在 Adobe XD 中为对象添加渐变颜色，需要先选择对象，然后在属性面板中单击"填充"选项的矩形色卡。从"拾色器"对话框顶部的下拉列表中选择"线性渐变"或"径向渐变"，然后在渐变条中设置渐变颜色。图 6-66 所示为线性渐变样式，图 6-67 所示为径向渐变样式。

（3）创建描边并指定描边颜色

默认描边宽度为 1px，选择对象后，在属性面板的"边界"选项中可指定描边的宽度值，单击"边界"选项的矩形色卡，此时会出现"拾色器"对话框，在其中可设置描边颜色，如图 6-68 所示。

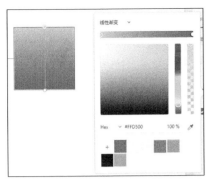

图 6-66　线性渐变样式

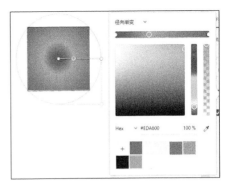

图 6-67　径向渐变样式

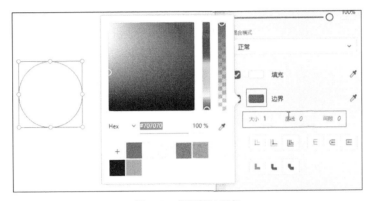

图 6-68　设置描边颜色

（4）创建阴影

选择想要添加阴影的对象，勾选"阴影"复选框，然后单击属性面板中的"阴影"选项的矩形色卡，在出现的"拾色器"对话框中设置阴影的颜色。

勾选"阴影"复选框后，选项下方将出现"X 偏移""Y 偏移""B 模糊" 3 个选项。"X 偏移"和"Y偏移"是指希望投影从对象处偏离的距离。"B 模糊"是指希望投影到要进行模糊处理的阴影边缘距离，如图 6-69 所示。

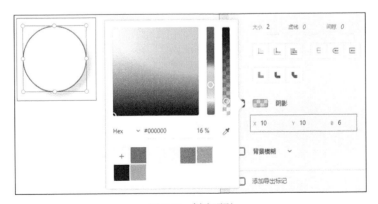

图 6-69　创建阴影

6.3.3　使用 Adobe XD 完成原型

在 Adobe XD 中完成 UI 的设计工作后，可以直接在软件中把这些界面快速链接起来，生成一个可交互的原型文档，并且能简单设置一些跳转效果。

1. 链接页面

Adobe XD 可以创建交互原型，直观地展示如何在屏幕或线框之间进行链接；也可以预览交互，这样可以验证用户体验并对设计进行迭代，从而节省开发时间。制作好页面元素后，就可以单击"原型"按钮，进入原型交互设计页面。制作交互效果至少需要两个画板，只有一个画板我们是无法制作交互效果的。

（1）设置"主页"

"主页"是应用程序或网站的第一个页面，浏览者会从"主页"开始应用程序或网站的浏览。

切换到原型模式，画板左上角会有一个灰色的主页图标，单击主页图标，它会变成蓝色，提示该画板已被成功设置为"主页"，如图 6-70 所示。

（2）将交互式元素链接到目标画板

在开始链接画板之前，要适当地为画板命名，这样做有助于设计师清楚分辨画板之间的链接。

切换到原型模式，单击要链接的对象或画板。对象或画板上将会出现带箭头的连接手柄。将鼠标指针悬停在手柄上，鼠标指针会变为线条连接器，将鼠标指针移动到需要被链接的画板或对象上，如图 6-71 所示。

图 6-70　设置"主页"

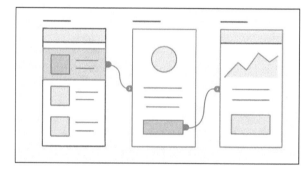

图 6-71　链接对象或画板

2. 设置页面首屏内容

当设计的内容超出既定的屏幕显示范围时，可以设置屏幕的显示范围为页面首屏，将超出的内容进行滚动显示。

（1）制作可滚动画板

使用预设的尺寸创建画板，如果内容超出画板的指定长度，可拖动画板底部到所需要的长度并继续设计。画板上的虚线表示可滚动内容的起始位置，如图 6-72 所示。虚线上方为页面首屏尺寸。

（2）固定对象位置

当在为某个原型页面设置滚动画板时，可能需要将页面中的一个或一组对象固定在页面的顶部或底部，保持 UI 的完整性。

在设计模式下，选中一个或一组对象，将其摆放在需要显示的固定位置上，然后在属性面板中勾选"滚动时固定位置"复选框，如图 6-73 所示。勾选完成后，在页面预览时，此对象就会固定在某个位置。

3. 触发的几种操作

在原型模式下为对象添加交互链接时，在右侧的交互设计面板中，触发默认是"点击"，还有"拖

图 6-72　首屏大小

图 6-73　固定元素

图 6-74　画板触发的事件类型　　　图 6-75　元素触发的事件类型

移"时间""按键和游戏手柄""语音"等触发的事件类型，如图 6-74 所示。而元素触发的事件类型没有"时间"，如图 6-75 所示。

① 点击：在预览模式下，当鼠标单击相应的对象时才触发的交互事件。

② 拖移：在预览模式下，当鼠标拖动相应的对象时才会触发的交互式事件。

③ 时间：在预览模式下，当相应对象开始显示在屏幕时开始倒计时触发交互事件。

④ 按键和游戏手柄：在预览模式下，按指定的按键即可控制交互效果的显示。

⑤ 语音：在预览模式下，按住空格键然后说出设置的命令，即可进行交互效果的展示。

4. 操作动作

在 Adobe XD 预览原型界面中，根据设置的触发操作不同，执行的反应效果也不同。在画板的交互设置面板中，操作的类型有"过渡""自动制作动画""叠加""上一个画板""音频播放""语音播放"，如图 6-76 所示。而画板中的元素中多了一个"滚动至"操作，如图 6-77 所示。

图 6-76　画板操作事件　　　图 6-77　元素操作事件

① 过渡：选择"过渡"选项之后交互面板上会有一个保留滚动位置的复选框；如果勾选这个复选框，在预览窗口中滚动时就会记录滚动的位置，即使跳转了页面，返回该页面时也会停到相应的位置，而不用再次滚动到相应的位置。

② 自动制作动画：Adobe XD 自动制作动画要求第二个画板由第一个画板复制得到，在原型模式下，将触发模式添加到第个画板手柄上拖动，将目标连接到第二个画板，并选择自动画作为类型。第二个画板的手柄也以同样的方式连接至第一个图板，查看"交互面板"，并根据效果需要，设置操作类型为"自动制作动画"，还可以选择触发条件，如点击、拖动；这样就可以单击"预览动画"按钮预览原型，点击触发过渡效果，观看生动有趣的动画，画板间内容的动态变化，是软件自动补充完成的，类似 Flash 的补间动画，借助自动制作动画功能，用户可以创建沉浸式过渡，以便呈现内容在画板之间的移动。

③ 叠加：在预览窗口中单击交互元素后不会进行页面跳转，而是把页面直接叠加在原有的页面上；叠加操作之后在原页面上会有一个绿色的方框，表示叠加页面的区域，如果叠加画板区域超出画板实际尺寸，那么就只能显示这一部分的页面；而当叠加的画板尺寸小于画板区域，那么就可以单击中间的加号进行调整，之后再预览时单击交互元素叠加的页面就只在绿色方框中显示，如图 6-78 所示。

④ 滚动至：如果页面超过正常显示的页面，如滚动到最下方后，想快速定位到某个元素的位置，那么就可以在对象框中选择这个元素，之后在预览窗口中单击相应的交互，就会快速滚动到这个元素的位置。

⑤ 上一个画板：当有多个界面都能跳转到这个界面时，若需要返回，就可以设置操作为"上一个画板"，即跳转回到上一个画板。

⑥ 音频播放：需要选择一个本地的音频，然后在预览时单击就会播放一个音频文件。

⑦ 语音播放：需要自定义一段文字内容，之后在预览时即可语音播放设置的文字内容。

交互设置面板中动画包含"无""溶解""左滑""右滑""上滑""下滑""向左推出""向右推出""向

上推出""向下推出"，如图 6-79 所示。

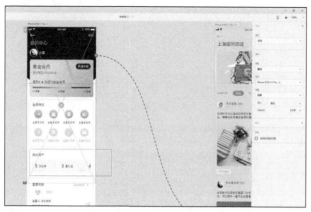

图 6-78　叠加操作

溶解效果就是当前画板在设置时间内匀速消失，跳转画板匀速显示，如图 6-80 所示。滑动效果就是根据设置的方向进行滑动显示直到新画板完全显示。推出效果就是把当前的画板和跳转的画板同时按照设置进行推动，直至新的画板显示出来。

图 6-79　交互动画

图 6-80　动画设置

6.3.4　使用 Adobe XD 输出成果

选择"导出"命令，弹出"导出"选项，如图 6-81 所示。选择任意一个选项后，弹出"导出资源"对话框，如图 6-82 所示。在对话框中设置所需要的参数，单击"导出"按钮即可导出资源。

图 6-81　"导出"选项

图 6-82　导出参数设置

导出资源或画板的注意事项如下。

① 想要导出所有画板，需要确保没有选择画板或资源。

② 导出特定资源或画板时，必须选择需要导出的特定资源或画板才行。可以标记稍后要导出的资源或画板，然后将它们批量导出，如图 6-83 所示。

③ 选择目标平台和文件格式，目标平台包含 Web、iOS 或 Android，文件格式则包括 PNG、SVG、PDF 和 JPG。指定目录即可保存输出文件，如图 6-84 所示。

图 6-83　添加导出标记

图 6-84　导出资源格式设置

6.4　项目实施——移动端"茶物语" App 产品交互设计开发

使用 Adobe XD 的基础功能完成页面设计后，Adobe XD 创建的交互式原型会直观地展示如何在屏幕或线框之间进行链接。通过预览交互，验证用户体验并对设计进行迭代，从而节省开发时间。以下是移动端"茶物语"App 产品设计开发中一些简单的交互效果的制作。

微课视频

Adobe XD
设计效果演示

6.4.1 "茶物语"Loading 动画效果

本小节制作一个加载元素时的等待效果。

制作步骤如下。

1. 元件基础样式设置

使用"椭圆"工具在画布中创建一个圆形，在属性面板中设置圆形的边界。使用周长公式计算出周长 1/4 的长度 $2\pi r/4$，间隙设置为 130，之后在画板上看到有 4 个点的样式。具体设置如图 6-85 所示。

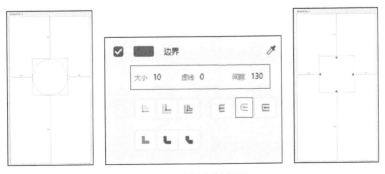

图 6-85　圆形属性设置

复制画板 1，然后修改复制出来的画板 2 中圆形边界的样式，让它有一个近似圆形的外观，如图 6-86 所示。

再次复制画板 1，然后修改画板 3 中圆形的旋转角度为 180°，这样在运行时显示效果会更好，具体设置如图 6-87 所示。

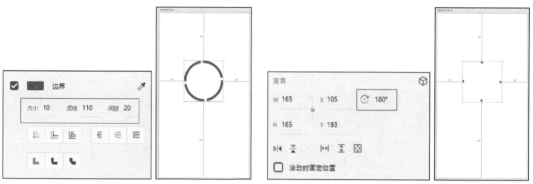

图 6-86　设置画板 2 中圆形边界的样式　　　　　　图 6-87　旋转画板 3 中的圆形

2. 元件交互效果设置

元素样式设置完成后，进入原型模式，为 3 个画板添加交互效果，添加的交互顺序为画板 1 跳转到画板 2，画板 2 跳转到画板 3，之后画板 3 跳转到画板 1，从而实现加载动画效果循环演示，设置"触发"为"时间"，操作"类型"为"自动制作动画"，动画效果为"渐入渐出"，持续时间为"0.6 秒"，其他两个画板也如此设置，如图 6-88 所示。

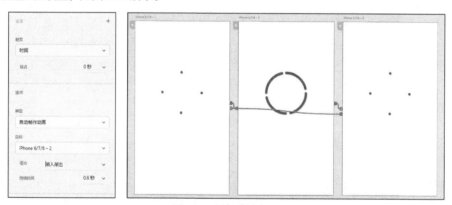

图 6-88　添加跳转交互

设置完成后单击右上角的"运行"按钮查看运行效果，如图 6-89 所示。

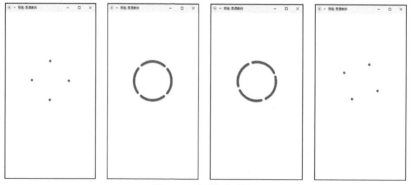

图 6-89　查看运行效果

6.4.2 "茶物语"左右滑动交互的效果

本小节设计和制作一个左右滑动元素的效果，如图 6-90 所示。

制作步骤如下。

1. 元件基础样式设置

在 Adobe XD 画布中设置好需要的元件样式。

2. 元件交互效果设置

要想实现左右滑动的效果，需要全部选中需要滑动的元素，如图 6-91 所示，然后在右侧属性面板中对"变换"选项进行设置。水平滑动、垂直滑动、水平和垂直同时滑动的按钮，如图 6-92 所示。再设置在滑动过程中展示的区域大小即可实现滑动效果。以水平效果为例设置图形在水平方向左右滑动展示的效果，如图 6-93 所示。

图 6-90　左右滑动元素的效果

图 6-91　全部选中需要滑动的元素

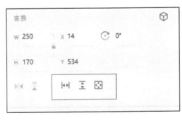

图 6-92　设置滑动方向

图 6-93　设置滑动显示区域大小

制作完成后单击右上角的"运行"按钮，预览效果如图 6-94 所示。

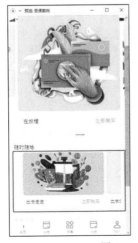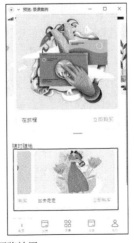

图 6-94　预览效果

6.4.3 "茶物语"轮播图的演示效果

本小节设计和制作轮播图效果，图片随着鼠标的拖动不停地循环切换，如图 6-95 所示。

制作步骤如下。

1. 元件基础样式设置

首先把需要展示的图片放进画板中，然后将这 3 张图片设置成组，如图 6-96 所示。

因为在 Adobe XD 中，位于上层的元素会遮挡住下层的元素，为防止出现在拖动时造成元素有遮挡而使轮播图无法正常显示的情况，需要对 3 个画板中的图片进行位置调整，如第一个画板中图片的堆放顺序是 123，第二个画板中图片的堆放顺序就是 231，同理，第三个画板中图片的堆放顺序就是 312，这样设置完成后就可以添加交互事件了，如图 6-97 所示。

图 6-95　轮播图效果

图 6-96　添加轮播图片

图 6-97　3 个画板中的轮播图的堆放顺序

2. 元件交互效果设置

将 3 个画板分别设置成循环拖移切换的效果，详细设置如图 6-98 所示。

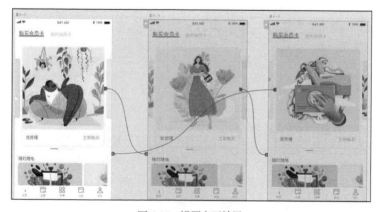

图 6-98　设置交互效果

设置完成后单击右上角的"运行"按钮，即可预览轮播图效果，如图6-99所示。

图 6-99　轮播图效果预览

6.5　项目小结

本项目介绍了 Adobe XD 的基础知识，包括软件的基本操作、工具的使用、原型的设计和导出文档等内容。工具的使用及原型的设计等功能是整个软件中非常重要的部分，可以帮助用户制作很多交互效果，因此需要熟练掌握 Adobe XD 软件。

6.6　素养拓展小课堂

以用户体验为基础进行的人机交互设计要考虑用户的背景、使用经验，以及在操作过程中的感受，从而设计出符合用户需求的产品，使得用户在使用产品时愉悦，能高效操作。本项目重在培养学生热爱生活、服务社会的理念。

6.7　巩固与拓展

本项目介绍了 Adobe XD 工具的基础操作以及 Adobe XD 软件中交互链接的操作，通过几个小的案例对 Adobe XD 工具的基础操作和交互进行了详细说明。通过对项目实施中各个功能的练习，你可以对 Adobe XD 原型设计工具有初步了解。

建议你搜集相关交互案例，用专业的眼光分析 App 交互产品的元件动作设计规范和交互中的逻辑条件概念，这样有助于你更加深入的理解 Adobe XD 软件。

在实际的市场产品设计中，App 产品的元素基本动作设计是组成整体设计的基础，最终形成完整的 App 交互设计产品。请你关注一些 Adobe XD 在 App 产品设计中出色的基础元件交互设计资料；另外，从现实生活的各类媒体中寻找、收集有关功能性 App 产品的样例，针对案例尝试着模拟设计其中部分元件的样式。

6.8 习题

1. Adobe XD 工具栏中的第 1 个工具，也是绝大多数情况下默认选中的工具是（　　）工具。

A. 选择　　　　　　　　B. 矩形　　　　　　　　C. 椭圆　　　　　　　　D. 笔

2. 如果要在 Adobe XD 中选中多个图层，可以按住键盘上的（　　　），然后单击选择需要选中的多个图层。

A. Ctrl 键　　　　　　　B. Alt 键　　　　　　　C. Shift 键　　　　　　　D. Windows 键

3. 使用椭圆工具绘制椭圆时，按住键盘上的（　　　），则可以绘制一个圆形。

A. Ctrl 键　　　　　　　B. Shift 键　　　　　　C. Alt 键　　　　　　　D. Windows 键

二、多选题

1. Adobe XD 是一款集（　　　）功能为一体的软件。

A. 框线图设计　　　　　B. 视觉设计　　　　　　C. 交互设计　　　　　　D 原型设计

2. 在资源面板中，可以使用的资源类型有（　　　）。

A. 颜色　　　　　　　　B. 字符样式　　　　　　C. 组件　　　　　　　　D. 交互

三、填空题

1. Adobe XD 是一款轻便的_____绘制软件。

2. 使用"文本"工具，默认情况下是单行文本，不会换行。如果想强制换行需要按_____键。